中国博士后科学基金特别资助项目(2019T120622)
中国博士后科学基金面上项目(2018M630818)
河南省高校科技创新人才支持计划项目(22HASTIT027)
河南省科技厅科技攻关计划项目(212102310006)

气液两相介质对瓦斯爆炸球型火焰自加速机制影响研究

裴 蓓 著

中国矿业大学出版社

·徐州·

内 容 简 介

本著作通过搭建小型密闭瓦斯爆炸实验平台,研究了气液两相介质对瓦斯爆炸初期球型火焰自加速的抑制规律与机理。主要内容包括:实验系统、气液两相介质对瓦斯爆炸球型火焰传播特性影响研究、单一抑制剂和气液两相抑爆剂对瓦斯爆炸强度影响研究、气液两相介质对瓦斯爆炸球型火焰不稳定性影响分析、气液两相介质抑制瓦斯爆炸化学反应动力学过程模拟、气液两相介质抑制瓦斯爆炸球型火焰自加速机理分析。全书内容丰富、层次清晰、图文并茂、论述有据,理论性和适用性强。

本书可供安全工程及相关专业的科研人员参考。

图书在版编目(CIP)数据

气液两相介质对瓦斯爆炸球型火焰自加速机制影响研究/裴蓓著. —徐州:中国矿业大学出版社,2022.7

ISBN 978-7-5646-5476-4

Ⅰ.①气… Ⅱ.①裴… Ⅲ.①瓦斯爆炸—研究 Ⅳ.①TD712

中国版本图书馆 CIP 数据核字(2022)第 122114 号

书　名	气液两相介质对瓦斯爆炸球型火焰自加速机制影响研究
著　者	裴　蓓
责任编辑	王美柱
出版发行	中国矿业大学出版社有限责任公司
	(江苏省徐州市解放南路　邮编 221008)
营销热线	(0516)83884103　83885105
出版服务	(0516)83995789　83884920
网　址	http://www.cumt.com　E-mail:cumtpvip@cumtp.com
印　刷	徐州中矿大印发科技有限公司
开　本	787 mm×1092 mm　1/16　印张 6.5　字数 127 千字
版次印次	2022 年 7 月第 1 版　2022 年 7 月第 1 次印刷
定　价	38.00 元

(图书出现印装质量问题,本社负责调换)

前　言

　　瓦斯爆炸是我国煤矿事故的头号杀手。煤矿巷道、抽采管路具有大长径比特点，极易因燃烧波、压力波的相互激励导致火焰自身失稳而不断加速，甚至形成爆轰造成重大恶性事故。同时，瓦斯又是一种清洁能源，甲烷等可燃性气体由于具有低成本、高效益、更加环保等优点，现已在我国工业、生活等领域发挥重要作用。然而，在可燃气的生产、运输、储存和使用过程中所引发的事故呈增多趋势，其安全问题越发引起全社会关注。为此，研究火焰的自加速机制对抑爆减灾技术有重要指导意义。

　　近年来，许多专家学者针对惰性气体和细水雾等清洁型抑制剂对可燃气爆炸抑制展开了研究。本书在前人有关抑爆研究的基础上，采用气液两相介质作为抑爆材料，开展瓦斯爆炸初期抑制火焰自加速研究，以期探明气液两相介质对瓦斯爆炸初期火焰自加速的影响规律，并结合化学反应动力学模拟和爆炸流场湍流特征变化，阐明气液两相介质抑制瓦斯爆炸机理，揭示气液两相介质抑制瓦斯爆炸火焰传播的衰减机制，这对于安全高效开发利用气体燃料和防控爆炸事故都具有重要意义。

　　本书的研究工作得到了中国博士后科学基金特别资助项目"气液两相介质抑制瓦斯/煤尘复合火焰加速特性及机理"（2019T120622）、中国博士后科学基金面上项目"气液两相介质对瓦斯爆炸球型火焰自加速机制影响研究（2018M630818）"、河南省高校科技创新人才支持计划项目"气液两相介质抑制瓦斯/煤尘爆炸复合冲击火焰传播机理"（22HASTIT027）、河南省科技厅科技攻关计划项目"含添加剂双流体细水雾抑制外浮顶罐密封圈火灾关键技术及装备"（212102310006）等项目的资助，在此表示感谢！

本书是在笔者博士后研究报告基础上撰写而成的,成书过程离不开笔者导师景国勋教授的悉心指导与帮助。景老师勤奋朴实的工作作风、孜孜不倦的拼搏精神、严谨求实的治学态度都使我深受教诲,在此再次向景老师表示最诚挚的谢意!

笔者在撰写本书过程中虽然尽了最大努力,但受水平所限,书中仍可能有不当之处,敬请读者批评指正!

著 者

2022 年 5 月

目　录

1 引　言

1.1　研究背景及意义

煤炭在我国的能源结构中占有十分重要的地位。据《中国能源大数据报告（2020）》,在 2019 年能源生产结构中,煤炭占比 68.8%,原油占比 6.9%,天然气占比 5.9%,水电、核电、风电等占比 18.4%。统计数据如图 1-1 所示。因此,煤炭仍然是我国的主要能源。近年来,随着矿井生产机械化水平的提高和开采深度的增加,开采矿井逐渐由低瓦斯矿井向高瓦斯矿井转变,这导致瓦斯浓度和瓦斯涌出量不断增加[1]。瓦斯是煤炭开采过程中的一大安全隐患,瓦斯爆炸事故频繁发生,对矿井安全生产和工人生命安全造成了严重威胁。

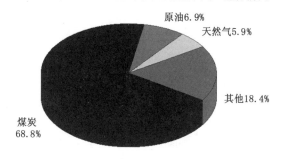

图 1-1　2019 年我国能源生产结构

矿井瓦斯爆炸会形成高压冲击波、高温火焰和有毒有害气体。瓦斯爆炸形成的冲击波会摧毁巷道,破坏矿井开采设施,造成沉积煤尘飞扬,有可能引发煤尘爆炸,造成更加严重的爆炸事故;高温火焰所到之处会造成工人严重烧伤,点燃飞扬的煤尘,引发二次爆炸;大量的有毒有害气体,如二氧化碳浓度可增加到 4%～8%,一氧化碳浓度可增加到 2%～4%,会导致工人严重缺氧和吸入大量一氧化碳中毒身亡,有毒有害气体是工人死亡的主要原因,其造成的死亡人数占瓦斯爆炸事故死亡总人数的 70%～80%。

煤矿井下有许多巷道和瓦斯抽采管道,瓦斯爆炸火焰在巷道或管道中传播会逐渐加速,如果不加以控制而任由其发展则有可能形成爆轰,爆轰的产生会造成更严重的人员伤亡。因此,抑制瓦斯爆炸的最佳时期是在爆炸初期,在瓦斯爆炸初期进行抑制不仅有利于及时控制爆炸的发生,还会对爆炸火焰的发展和传播产生重要影响。目前,抑制瓦斯爆炸的主要抑爆剂有粉体抑爆剂、惰性气体抑爆剂和细水雾抑爆剂。其中,惰性气体和细水雾抑爆剂由于具有清洁、高效、环保等优点,已成为国内外众多学者研究的热点,但是其主要侧重对后期传播阶段火焰波和压力波的抑制效果,忽略了气液两相介质对起爆初期火焰自加速的影响。

本书在前人对瓦斯抑爆研究的基础上,采用气液两相介质作为抑爆材料,进行瓦斯爆炸初期抑制火焰自加速的实验研究,以期探索气液两相介质对瓦斯爆炸初期火焰自加速的影响规律,从而为更好地研究气液两相介质抑制瓦斯爆炸火焰传播的衰减机制提供科学支撑,这对于安全高效开发利用气体燃料和防控爆炸事故都具有重要意义。

1.2 国内外研究现状

1.2.1 瓦斯爆炸火焰加速国内外研究现状

当前,国内外众多学者对火焰加速现象进行了大量的研究,也取得了众多成果。国内对火焰加速进行研究的主要单位有中国矿业大学、北京理工大学、河南理工大学、中国科学技术大学、大连理工大学、中北大学等。

中国矿业大学的林柏泉等[2-3]总结了火焰加速传播的四大机理,管道瓦斯爆炸火焰加速机理包括前驱冲击波加热和压缩未燃气的正反馈机理、湍流化机理、火焰阵面不稳定加速机理、火焰阵面微分加速机理。

北京理工大学的王成等研究了密闭管道瓦斯爆炸火焰加速现象,认为前驱冲击波加热、火焰阵面前的未燃气压缩,产生与燃烧过程的正反馈机制,促使火焰传播加速[4-5]。对比实验和数值模拟结果发现,瓦斯在管道内发生爆炸时,管道内的障碍物能够促使火焰加速,并促使爆燃向爆轰转变。

河南理工大学的余明高等[6-9]对管道内障碍物影响预混气体爆炸火焰加速现象、爆炸超压增强现象进行了系统研究,发现障碍物会诱导火焰变形,增大火焰表面与未燃气体的接触面积,提高燃烧速度,促使火焰加速,导致爆炸强度增大;并且障碍物的数量和位置也会对爆炸火焰传播速度和爆炸强度产生重要影响。

中国科学技术大学的周凯元等[10]对激波管内气体爆燃、不稳定爆轰在直管中的加速传播以及点火能、管径对火焰加速传播的影响进行了实验研究,同时对管道内设置圆环形障碍物时的火焰加速传播作了初步研究。研究结果表明,在内壁光滑的直管道中,大直径管道所产生的火焰加速度较大,管道内的障碍物会明显增大火焰的加速度,点火能量的大小只会对爆炸初期的火焰加速度产生影响。

大连理工大学的尹旺华等[11]研究了障碍物开敞空间蒸气云爆炸强度的加强作用,结果表明火焰加速机理、爆炸场和障碍物的相互作用机理是可燃气体蒸气云爆炸增强的关键问题,只有将实验、理论与数值模拟等研究方法结合起来才能取得进一步的进展。

中北大学的尉存娟等[12]研究了障碍物间距对瓦斯爆炸冲击波和火焰传播速度变化规律的影响,结果表明:瓦斯爆炸压力随着障碍物间距的增加呈现缓慢递增的变化规律,火焰传播速度也随着障碍物间距的增加而增大。丁小勇等[13]研究了立体障碍物对瓦斯爆炸特性的影响,发现火焰传播速度、最大爆炸压力和最大爆炸压力上升速率都显著升高。

与此同时,国外学者也对可燃气体爆炸加速现象进行了大量实验和数值模拟研究工作。

日本东京大学的 R. Dobashi[14]研究了湍流对火焰传播特性的影响,发现当湍流存在时会增加火焰传播速度。

加拿大麦吉尔大学的 I. O. Moen 等[15]研究了重复性障碍物对管道内火焰传播过程的影响,发现障碍物会对火焰扰动,促使火焰加速并导致管道内压力的急剧增大。

加拿大皇后大学的 G. Ciccarelli 等[16-17]研究了障碍物阻塞比和间距对粗糙管道中火焰初始加速阶段的影响,实验结果表明火焰早期的加速阶段受到孔板阻塞比和间距的共同影响。对于低阻塞比的孔板,孔板间距对火焰加速没有太大影响;但是对于较大阻塞比的孔板,孔板间距对火焰加速有很强的影响。

瑞典于默奥大学的 V. Akkerman 等[18]研究了管道粗糙度对火焰加速的影响,发现火焰前段具有大的密度梯度,火焰受管道粗糙作用的影响以几何级数加速,火焰加速速率随着流动雷诺数的增大而降低,随燃烧物质的热扩张而增加。

此外,许多学者进行了可燃气体火焰不稳定性及自加速特性的研究工作。日本广岛大学的 W. Kim 等[19]进行了膨胀球型火焰的细胞不稳定性和自加速的实验研究。结果表明,火焰加速受热质扩散不稳定性和流体动力不稳定性的影响。

日本九州大学的 E. C. Okafor 等[20]研究了在不同压力作用下当量比为 0.8 的 H_2-CH_4-air 火焰胞状不稳定性,研究发现随着氢气摩尔分数的增加和压力的增高,胞状不稳定性出现得更早,并且加速度也更大。

西安交通大学的谢永亮(Y. L. Xie)等[21]研究了合成气/空气混合物在不同压力作用下胞状火焰自加速特性,研究发现随着压力的增大,在火焰发展的早期就出现了胞状结构,火焰前沿也出现了自加速,这是流体动力学不稳定性和热-质扩散不稳定性造成的结果。

综上所述,现有文献主要针对爆炸火焰在管道中的加速现象进行研究,主要包括火焰加速机理研究、有无障碍物下的火焰加速现象研究、点火位置和管道壁面粗糙度对火焰加速现象影响研究等;对爆炸初期火焰不稳定性及自加速的研究主要侧重于不同当量比和不同压力等条件,而对如何抑制火焰不稳定性和火焰自加速的研究鲜见报道。

1.2.2 惰性气体影响火焰不稳定性国内外研究现状

惰性气体稀释法是防止和降低密闭容器爆炸危害的有效的方法之一。目前,国内外学者主要研究了 N_2、CO_2、He、Ar 对层流火焰稳定性的影响,现进行综述如下。

H. M. Li 等[22]利用高速纹影系统研究了 $H_2/CO/CO_2/air$ 合成预混气球型火焰的层流燃烧特性,分析了 CO_2 含量对火焰传播、马克斯坦长度和层流燃烧速度的影响。研究结果表明,CO_2 能够明显减小层流火焰燃烧速度。L. Qiao 等[23]分析了 He、Ar、N_2、CO_2 对氢气/空气层流火焰传播特性的影响,发现这四种惰性气体能够降低层流燃烧速度并对马克斯坦长度也有明显的降低作用。J. H. Wang 等[24]研究了合成气燃料燃烧的火焰速度和火焰不稳定性,发现 CO_2 含量增加抑制了胞状结构的增加。Y. Xie 等[25]研究了 CO_2 对甲烷氧燃料混合物层流燃烧特性的影响,发现随着 CO_2 稀释度的增加层流燃烧速度逐渐降低,流体动力学不稳定性减弱,但是热扩散不稳定性增加。宋占锋等[26]研究了 CO_2 对天然气/氢气预混气层流火焰燃烧特性的影响。结果表明:随着 CO_2 体积分数的增加,混合气燃烧速度降低,火焰半径随时间延长的增长率明显减小。

E. G. Groff[27]研究了正拉伸对 $H_2/O_2/N_2$ 和 $C_3H_8/O_2/N_2$ 火焰的层流燃烧特性的影响,研究结果表明,$H_2/O_2/N_2$ 和 $C_3H_8/O_2/N_2$ 火焰在稳定的热扩散条件下都会受到流体动力学不稳定性的影响而出现胞状不稳定火焰。H. Y. Miao 等[28]研究了天然气-氢气-稀释气(N_2/CO_2)燃料的层流燃烧特性并获得了无拉伸层流燃烧速度和马克斯坦长度。研究结果表明,混合燃料中 CO_2 作为稀释气对于层流燃烧速度的降低作用要明显高于 N_2。陈朝阳等[29]对二甲醚-空气-N_2/CO_2 混合气层流燃烧特性进行了研究,研究发现马克斯坦长度随稀释系数的增大而增大,在二甲醚-空气混合气中加入稀释气后火焰前锋面的稳定性增强。

C. Prathap 等[30]研究了在常压条件下 CO_2 和 N_2 对 H_2/CO 混合物层流燃烧速度和火焰不稳定性的影响,研究发现 CO_2 对混合物层流燃烧速度的抑制作用要强于 N_2。

牛芳等[31]在 $10 m^3$ 的爆炸罐中对 9.5% 的甲烷/空气进行了爆炸实验,计算得到了爆炸物的层流燃烧速度、爆炸特征值的变化规律。A. A. Konnov 等[32-34]利用平面火焰燃烧器开展了一系列关于胞状火焰不稳定性的实验研究,观察到了胞状火焰并测量了胞状火焰速度和胞的数目。C. K. Law 等[35]在天然气中掺混了少量的氢气,研究了天然气掺氢火焰不稳定性,研究表明较高的氢气添加比例会增加火焰的不稳定性。G. Yu 等[36]和 F. Halter 等[37]研究了天然气-氢气混合物的层流燃烧速度,研究发现加入氢气能够有效地提高混合物的层流燃烧速度。Z. H. Huang 等[38-39]研究了常温和常压下的天然气-氢气-空气混合物中氢气比例对于层流燃烧速度的影响。P. Pelcé 等[40]对有限厚度火焰的稳定性进行了研究。O. C. Kwon 等[41]在高压定容燃烧弹中开展了压力对于氢气-氧气-氮气混合物火焰不稳定性的影响研究,研究表明随着初始压力的增加,火焰厚度减小,火焰的不稳定性增强。D. Bradley 等[42]对胞状火焰形态进行了量化分析,研究了大尺度爆炸过程中胞状火焰因为火焰前锋面面积增加引起的火焰加速现象,研究结果表明,受辐射热损失和浮力的影响,大尺度实验难以施行。张炬等[43]对高温高压条件下甲醇裂解气-空气-稀释气马克斯坦长度进行了研究。结果表明,甲醇裂解气-空气混合气的马克斯坦长度随初始温度和初始压力的增加而减小。

综上所述,近年来国内外学者在惰性气体影响火焰不稳定性方面进行了大量的研究,但是主要集中于单一惰性气体,而对多种惰性气体综合影响火焰不稳定性的研究鲜见报道。

1.2.3 细水雾抑爆特性国内外研究现状

细水雾作为抑爆介质具有经济、环保、高效和适用范围广等优点,因此,关于细水雾抑制可燃气体爆炸的研究受到国内外众多学者的关注。

K. van Wingerden[44]进行了细水雾抑制甲烷爆炸实验,发现雾滴粒径为 $20 \sim 200 \ \mu m$ 的细水雾抑爆效果较好,但细水雾也会引起湍流,增强爆炸效果。S. Medvedev 等[45]发现超细水雾能降低氢气-氧气爆炸极限,雾滴越小抑爆作用越明显。W. Ebina 等[46]使用细水雾抑制丙烷爆炸,实验结果表明一定条件下细水雾可以完全抑制混合物爆炸。李润之等[47]、谢波等[48]、李永怀等[49]研究了细水雾抑制管道内瓦斯爆炸效果,对主动水雾抑爆过程中的激波、火焰抑制作用进行了实验研究,探讨了实验管道中细水雾喷嘴的位置、最佳水流量。

唐建军[50]、陈晓坤等[51]、林滢[52]、谷睿等[53]、秦文茜[54]、毕明树等[55]、高旭亮[56]研究了超细水雾对不同体积分数瓦斯气体爆炸的抑制作用,发现超细水雾在降低甲烷爆炸温度、延长爆炸延迟时间、降低火焰传播速度和降低爆炸压力方面作用明显。余明高等[57-58]、李振峰等[59]、H. L. Xu 等[60-61]开展了超细水雾抑制瓦斯煤尘复合爆炸的实验研究。

在细水雾抑爆机理方面,国内外学者也进行了详细分析。G. O. Thomas[62]研究认为水雾抑爆主要的物理机理是液滴与加速气流之间的相对速度,直径50 μm以下的液滴在抑爆过程中起主要作用,水雾在实际爆炸中的有效性与初始爆炸强度有关。T. Parra 等[63]建立了一维甲烷/空气预混火焰与细水雾相互作用的数学模型,认为细水雾抑制作用表现为破碎、降温和水滴蒸发吸热作用,还探讨了爆燃与爆轰条件下细水雾抑制甲烷爆炸的熄灭判据。K. C. Adiga 等[64-65]采用 CFD 和实验相结合的方法,分析了超细水雾抑爆过程,指出在衰减冲击波方面,分解能的作用与蒸发潜热相比可以忽略。刘晅亚等[66]指出水雾对气体爆炸火焰传播的抑制是由于水雾降低了反应区内火焰温度和气体燃烧速度,减缓了火焰阵面传热与传质。H. Cheikhravat 等[67]研究了细水雾对不同当量比条件下氢气/空气混合物爆燃的影响,研究发现在液滴直径小于 10 μm 时,除了燃烧不完全区域的稀薄混合物外,爆炸威力有所减小。在这种情况下,喷雾产生的湍流足以提高燃烧速率。

综上所述,近年来国内外学者对细水雾的研究已经比较全面和深入,主要包括细水雾抑制爆炸的超压、压力上升速率、火焰传播速度和抑爆机理等,而有关细水雾对火焰不稳定性的影响研究较少。

1.2.4 气液两相介质抑爆特性国内外研究现状

L. Dupont 等[68]测试了甲烷、二氧化碳和饱和水蒸气的燃爆特性(测试压力为常压,测试温度为 30～70 ℃),发现超过 70 ℃,随温度升高而增加的饱和水蒸气含量足以完全惰化由 CH_4 和 CO_2 组成的混合气体。

英国伦敦南岸大学学者在一个高度为 0.38 m 的小型装置内开展了氮气与超细水雾抑制氢气爆炸研究。例如,P. N. Battersby 等[69]、J. M. Ingram 等[70]研究了超细水雾对氢气-氧气-氮气爆炸抑制作用,发现其对燃烧速度和压力上升速率有显著抑制作用,并提高了氢气-氧气的爆炸下限。P. G. Holborn 等[71]发现对于富氢气-氧气-氮气混合气,高密度的细水雾和氮气更加有效地降低了氢气火焰的燃烧速度,但不能完全抑制贫氢混合气爆燃。余明高等[72-74]研究了 CO_2/N_2-超声波细水雾抑制管道瓦斯爆炸的衰减特性,结果表明,超声波细水雾与 N_2 或 CO_2 共同抑制管道瓦斯爆炸时存在协同效应,对爆炸超压和火焰传播速度的抑制要明显优于单独抑爆剂作用的情况。段俊法等[75]用定容燃烧弹研究了 N_2+H_2O 稀释条件下的氢气/空气混合气层流燃烧特性。结果表明,随着稀释率的增大,火焰拉伸率和马克斯坦长度略微减小,火焰的稳定性有所下降。

综上所述,近年来国内外学者对气液两相介质进行了深入的研究,主要包括气液两相介质的抑爆效果、气液两相介质的协同增效作用等,而有关气液两相介质对火焰不稳定性的影响研究鲜见报道。

1.2.5　目前气液两相介质抑爆研究的不足

对国内外相关文献进行综述和分析可以看出,由于细水雾和惰性气体具有抑爆效果好、来源范围广、环保无污染等优点,众多学者对细水雾和惰性气体的抑爆作用进行了深入研究。但是,关于细水雾和惰性气体协同抑爆的研究还存在以下不足之处:

(1) 目前关于超细水雾和惰性气体协同抑爆的研究侧重在其对后期传播阶段火焰、速度和压力的抑制效果,忽略了抑爆剂对起爆初期火焰传播特性影响的研究。

(2) 目前对爆炸初期火焰不稳定性及自加速的研究主要侧重不同当量比和不同压力等条件,而对气液两相介质如何抑制火焰不稳定性和火焰自加速的研究鲜见报道。

(3) 目前国内外对抑爆效果的研究主要围绕抑爆剂作用下火焰传播阶段的爆炸超压和宏观的火焰传播速度、火焰形状等方面展开,而对在抑爆剂作用下初期火焰微观结构(火焰形状和火焰结构)的影响过程研究较少,不能全面反映抑爆剂对可燃气体球型火焰的形成与发展过程的影响。

1.3　主要研究内容

本书拟搭建小型密闭实验平台,研究气液两相介质对瓦斯爆炸初期火焰自加速的影响规律,揭示气液两相介质抑制瓦斯爆炸初期火焰自加速的机理;对比分析不同体积分数二氧化碳、氮气和不同质量浓度超细水雾在单独作用和共同作用下的抑制效果,从而为气液两相介质抑制瓦斯爆炸提供理论依据和实验数据支撑。具体研究内容如下:

(1) 气液两相介质影响瓦斯爆炸特性实验研究

对比研究单一抑制剂和气液两相抑爆剂作用下爆炸超压、爆炸超压上升速率和火焰传播速度的变化规律,分析抑爆剂对瓦斯抑爆效果的影响。

(2) 气液两相介质影响瓦斯爆炸球型火焰不稳定性研究

对比研究单一抑制剂和气液两相抑爆剂对瓦斯爆炸球型火焰微观结构和不稳定性参数的影响,分别定性和定量探讨抑爆剂作用下瓦斯爆炸初期球型火焰不稳定性参数的变化规律,深入揭示对火焰自加速的抑制作用。

(3)气液两相介质影响瓦斯爆炸球型火焰自加速特性研究

对比研究单一抑制剂和气液两相抑爆剂作用下球型火焰胞状结构的发展过程、胞状火焰来临时间的变化规律,综合分析胞状火焰来临时间与爆炸超压峰值和平均爆炸超压上升速率的关系,揭示气液两相介质对球型火焰自加速特性影响的规律。

(4)气液两相介质抑制瓦斯爆炸反应机理研究

对比研究氮气、二氧化碳两种惰性气体对气液两相介质抑制瓦斯爆炸反应动力学过程的影响,进一步阐明气液两相介质对瓦斯爆炸火焰加速机制的影响,揭示气液两相介质抑制瓦斯爆炸反应机理。

本书的研究技术路线如图 1-2 所示。

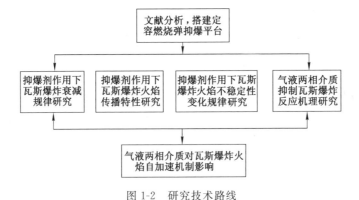

图 1-2　研究技术路线

2 实 验 系 统

2.1 实验系统简介

为了更好地研究气液两相介质对瓦斯爆炸球型火焰自加速的影响,自行设计并搭建了瓦斯爆炸密闭实验装置,实验系统图如图 2-1 所示。本实验系统主要包括定容燃烧弹、高速纹影摄像系统、数据采集系统、点火系统、自动配气系统、超细水雾生成装置等。

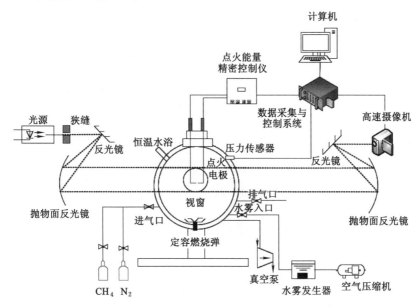

图 2-1　实验系统图

2.1.1 定容燃烧弹

定容燃烧弹采用不锈钢双层结构,设有抽真空装置、排气口、进气口、压力采集装置、恒温水浴接口、高速摄像和纹影系统，内半径为 168 mm，厚度为20 mm，容积为 20 L，压力测量范围为 0～2.0 MPa，温度测量范围为室温至 1 600 ℃。为了方便观察爆炸火焰的蔓延情况，在定容燃烧弹三面加装了半径为 110 mm、厚度为 60 mm 的精加工光学石英玻璃视窗。高速摄像机型号为 Speed Sense VEO 710，分辨率设置为 1 280 像素×700 像素，拍摄频率为 5 000 帧/s。纹影仪采用反射式平行光，高速摄像机位于末端记录反应过程。同时为减小初始温度对实验的影响，设置了水浴系统，双层不锈钢球体上设置有上下两个接口，恒温装置将恒温水从下侧接口泵入双层球体间，从上侧接口流出，确保球体内温度保持恒定。

2.1.2　高速纹影摄像系统

高速纹影摄像系统由纹影仪和高速摄像机组成，纹影仪采用锦州市神舟光学仪器有限公司生产的光学仪器，型号为 CQW300，主要包括光源、狭缝、小反射镜、主反射镜和刀口等，纹影仪实物图如图 2-2 所示。纹影仪工作原理是，根据光线通过不同密度的气流而产生的角偏转来显示其折射率，将流场中密度梯度的变化转变为记录平面上光强的变化，使可压缩流场的激波、压缩波等密度变化剧烈的区域成为可观察的、可分辨的图像。纹影仪工作光路图如图 2-3 所示。

图 2-2　纹影仪

用高速摄像机记录爆炸火焰纹影图像，包括火焰形状和火焰半径随时间的

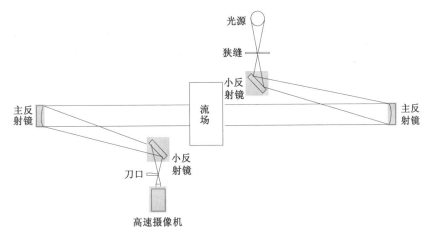

图 2-3 纹影仪工作光路图

变化关系。通过对纹影图像进行分析,得到瓦斯爆炸球型火焰的动态发展过程。采用 Vision 高速摄像机,其最大拍摄频率可以达到 3 200 帧/s,根据实验过程选取合适图像采集频率为 2 000 帧/s,达到了每张 0.5 ms 的拍摄速度;分辨率设置为 1 280 像素×800 像素。Vision 高速摄像机如图 2-4 所示。

图 2-4 Vision 高速摄像机

2.1.3 数据采集系统

数据采集系统主要由压力传感器、光电传感器、数据采集卡和数据采集软件组成。压力传感器由上海铭动电子科技有限公司生产,量程为 $-0.1\sim1$ MPa,安装于定容燃烧弹的上部。光电传感器安装于侧壁的石英玻璃外侧处正对点火电极,用以观察点火信号。数据采集卡采用的是 Measurement Computing Corporation 公司生产的 USB-1208FS-Plus 型采集卡,其工作频率是 15 kHz。数据采集装置如图 2-5 所示。

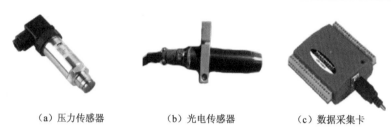

（a）压力传感器   （b）光电传感器   （c）数据采集卡

图 2-5　数据采集装置

压力传感器的主要性能参数如下：

型号：MD-HF；

量程：$-0.1\sim1$ MPa；

输出信号：$0\sim10$ V；

供电方式：24 V DC；

灵敏度：0.25％。

2.1.4　点火系统

点火能量精密控制仪型号为 HY180D，采用电火花点火，点火能量可调节范围为 $0\sim999$ MJ，精度为 0.1 MJ，且连续可调，输出接口可通过导线与点火电极相连接，点火电极由两根直径为 1.5 mm 的钨棒组成，位于球型定容燃烧弹的中心位置，前端通过导线与点火能量控制箱连接，末端用于产生电火花。点火能量精密控制仪与计算机相连，可通过计算机调节点火能量，用于实验中甲烷气体最小点火能的测定。

2.1.5　自动配气系统

自动配气系统由空气压缩机、气阀、气管、气瓶、GM-240200 型质量流量控制器等组成，并由计算机控制通入量。真空泵型号为 FY-2C-N，抽气速率为 7.2 m³/h，最大可抽至 -0.02 MPa。所用甲烷气体的纯度为 99.9％，所用二氧化碳的纯度为 99.99％，在配气之前先检查定容燃烧弹的气密性，在气密性良好的情况下再进行配气。配气步骤为：根据道尔顿分压定律计算出定容燃烧弹内各组分气体所占的分压，用真空泵把定容燃烧弹抽成真空状态，再依次通入各组分气体至所占的分压，定容燃烧弹内的压力用高精度数字式压力表进行显示，通完各组分气体后静置 30 s 使各组分混合气体均匀混合。配气系统所用设施如图 2-6 所示。

（a）空气压缩机　　　　　　　　　　　（b）真空泵

图 2-6　配气系统设施

2.1.6　超细水雾生成装置

　　超细水雾生成装置由储水箱和超声雾化装置组成，其中超声雾化装置采用的是三头全铜雾化器，雾化片工作频率为 1 700 kHz。在实验前，用高精度天平测得雾化器的雾化速率为 4.2 g/min。采用粒子动态分析仪对超细水雾生成装置产生的超细水雾进行粒径分析，所得超细水雾粒径分布如图 2-7 所示。

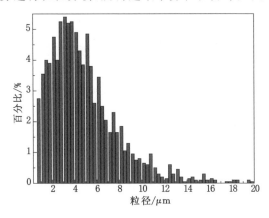

图 2-7　超细水雾粒径分布

2.2　实验工况与步骤

　　二氧化碳-超细水雾抑爆实验选取的二氧化碳体积分数分别为 0、2%、6%、10%、14%、18%，超细水雾质量浓度分别为 58.3 g/m³、116.6 g/m³、174.9 g/m³、262.5 g/m³、350.0 g/m³。

　　由于二氧化碳抑爆效果优于氮气，为此氮气-超细水雾抑爆实验中抑爆剂浓度设置得稍高,氮气体积分数为 8%、16%、24%,超细水雾质量浓度为 140 g/m³、280 g/m³、420 g/m³。

甲烷的体积分数均为 9.5%,对比分析二氧化碳、氮气和超细水雾单独作用以及共同作用时对瓦斯爆炸火焰传播的抑制效果。其中,惰性气体体积分数定义如下:

$$\varphi = \frac{V_{CO_2,N_2}}{V} \tag{2-1}$$

式中　φ——二氧化碳或氮气体积分数;

　　　V_{CO_2,N_2}——定容燃烧弹内的二氧化碳、氮气的体积;

　　　V——定容燃烧弹的体积。

超细水雾质量浓度定义如下:

$$\omega = \frac{m}{V} \tag{2-2}$$

式中　ω——超细水雾质量浓度;

　　　m——通入的超细水雾质量;

　　　V——定容燃烧弹的体积。

该实验步骤如下所述:

(1) 按图 2-1 连接实验设备,调试高速纹影摄像系统、数据采集系统使其达到最佳工作状态。

(2) 检查定容燃烧弹的气密性,保证定容燃烧弹气密性良好。

(3) 根据道尔顿分压定律计算各组分气体所占的分压。

(4) 关闭进气阀,打开排气阀,打开真空泵,把定容燃烧弹抽成真空状态。

(5) 关闭排气阀,打开进气阀,依次通入二氧化碳或氮气、甲烷和空气至所占的分压,超细水雾伴随空气进入定容燃烧弹内。

(6) 通气完毕后需要静置 30 s,以使超细水雾和各组分气体混合均匀。

(7) 点火,同时触发高速摄像机记录爆炸火焰图像,数据采集系统记录爆炸过程中的压力数据,实验结束后保存实验数据,用真空泵抽出定容燃烧弹内的废气,然后打开定容燃烧弹,擦干定容燃烧弹内壁,防止其对下次实验造成干扰。

(8) 实验结束,准备下一组实验。

为保证数据的准确性,每组实验重复 5 次。

2.3　本章小结

本章在基于气液两相介质影响瓦斯爆炸初期球型火焰自加速研究的基础

上，自行设计并搭建了小型密闭实验平台，主要包括定容燃烧弹、高速纹影摄像系统、数据采集系统、自动配气系统、点火系统、超细水雾生成装置等。该平台能够获得瓦斯爆炸初期球型火焰的纹影图像、瓦斯爆炸超压等数据，能够为后文进行火焰自加速的研究提供平台保障和技术支持。

3 气液两相介质对瓦斯爆炸球型火焰传播特性影响研究

预混瓦斯在密闭容器中形成爆炸性混合气体后,在点火源的作用下会发生爆炸,其实质上是可燃气体与空气或氧气的快速氧化还原反应,并在爆炸过程中产生大量的热,这个过程属于化学爆炸[76]。爆炸性混合气体被引燃后先以层流火焰状态向外传播,此时火焰传播速度基本不会发生变化;随着火焰向外传播并在不稳定性的影响下,火焰表面逐渐产生褶皱和裂纹,火焰变得不稳定;随后火焰表面会形成胞状结构,胞状结构的出现会增大火焰表面和未燃气体的接触面积,增加火焰的燃烧速度,从而造成火焰加速,火焰加速会促使爆炸冲击波增强,爆炸冲击波反过来又会促使火焰加速,这样爆炸冲击波和火焰传播速度的正反馈作用会促使火焰持续加速,甚至会造成爆轰。爆轰速度可达到数千米每秒,会造成更加严重的损失。

瓦斯爆炸初期会对整个爆炸过程产生重要影响,抑制瓦斯爆炸的最佳时期是爆炸初期。因此,研究抑爆剂对瓦斯爆炸初期特性的影响就显得尤为重要。本章选取 9.5％甲烷/空气预混气作为研究对象,研究二氧化碳-超细水雾、氮气-超细水雾两种气液两相抑爆剂对瓦斯爆炸初期火焰传播特性的影响,分析两种惰性气体对气液两相抑爆剂在抑制瓦斯爆炸火焰传播特性方面存在的差异。

3.1 单一抑制剂和气液两相抑爆剂对瓦斯爆炸球型火焰微观结构的影响

3.1.1 瓦斯爆炸球型火焰微观结构

本书首先进行了定容燃烧弹内 9.5％甲烷/空气爆炸实验,随后进行了二氧化碳、氮气和超细水雾单一抑制剂和气液两相介质对瓦斯爆炸初期火焰传播特性影响实验。图 3-1 为 9.5％甲烷/空气爆炸球型火焰传播过程的部分纹影图像,为简化起见,本书选取了几个特殊时刻来说明球型火焰发展过程。9.5％甲烷/空气引爆后的一段时间内球型火焰以层流状态向外传播,此时火焰锋面光滑,24 ms时火焰到达视窗边缘,但由于甲烷为低活性可燃气,燃烧速度较低,因此在火焰锋面到达视窗边缘前没有胞状化。此外,在火焰形成初期火焰锋面上有两道裂纹,这可能是点火电极对火焰锋面所造成的影响。随着球型火焰继续传播,65 ms时火焰表面产生不规则的裂纹,随后这些裂纹继续发展;83 ms时火焰形成均匀的完全胞状化状态。

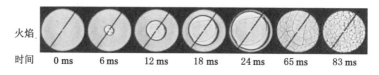

图 3-1　9.5％甲烷/空气球型火焰传播过程的纹影图像

3.1.2　二氧化碳作用下瓦斯爆炸球型火焰微观结构

本书选取的二氧化碳体积分数分别为 2％、6％、10％、14％、18％,研究不同体积分数二氧化碳对瓦斯爆炸初期球型火焰的影响。图 3-2 为二氧化碳对9.5％甲烷/空气球型火焰传播过程的影响图像。由图 3-2 可知,首先,随着二氧化碳体积分数的增加,点火后同一时间内火焰半径逐渐减小,这表明二氧化碳浓度越高,火焰传播速度越小。其次,二氧化碳浓度越高,球型火焰越光滑,火焰不稳定性越弱,胞状面出现的时刻越晚,这表明二氧化碳能够减弱球型火焰不稳定性。最后,当二氧化碳体积分数达到 14％时球型火焰出现上浮现象,这是由于已燃气的密度小于未然区的密度,而二氧化碳降低了火焰传播速度,延长了球型火焰所受浮力的作用时间[77];当加入 18％的二氧化碳时这种现象更为明显,形成"蘑菇"状的火焰锋面。

3.1.3　超细水雾作用下瓦斯爆炸球型火焰微观结构

超细水雾粒径是影响抑爆效果的重要因素,A. U. Modak 等[78]发现有效抑制爆炸能量的最小细水雾粒径是 10 μm,再减小细水雾粒径并不会显著增强抑爆效果。因此,在正式做实验之前先用粒子动态分析仪对所用的超细水雾进行粒径分析,所得超细水雾粒径分布如图 2-7 所示。由图 2-7 可知,所用超细水雾的粒径绝大部分都小于 20 μm,属于超细水雾的粒径范畴。

图 3-3 为不同质量浓度超细水雾对 9.5％甲烷/空气球型火焰传播过程的影响。从图 3-3 中可以看出,随着超细水雾质量浓度的增加,点火后同一时刻的火焰半径先增加后减小,通入 58.3 g/m^3 超细水雾时的火焰半径大于不通超细水雾时的火焰半径,此后随着超细水雾质量浓度的增加火焰半径逐渐减小。同时,

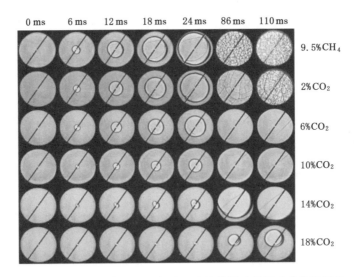

图 3-2　CO_2 对 9.5% 甲烷/空气球型火焰传播过程影响的纹影图像

加入 58.3 g/m³ 超细水雾后火焰亮度增加,这可能是由于超细水雾在高温高压作用下发生了分解反应,并与甲烷进行重新整合生成了氢气等可燃气体,这些可燃气体的爆炸继而导致了火焰亮度进一步增加[79],但是瓦斯爆炸是一个复杂的过程,还需作进一步的分析与研究。对比 86 ms 时的纹影图片可以发现,58.3 g/m³ 超细水雾的胞状面发展最充分,不加超细水雾、174.9 g/m³ 超细水雾、262.5 g/m³ 超细水雾和 350 g/m³ 超细水雾的胞状面发展程度逐渐减弱。这表明通入少量超细水雾不能抑制甲烷爆炸,反而会参与爆炸反应,导致火焰传播速度增加,只有当超细水雾质量浓度充足时才会抑制甲烷爆炸。

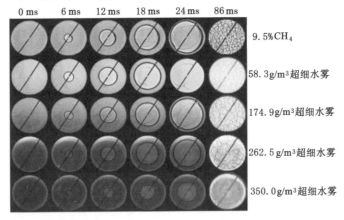

图 3-3　超细水雾对 9.5% 甲烷/空气球型火焰传播过程影响的纹影图像

3.1.4　二氧化碳-超细水雾作用下瓦斯爆炸球型火焰微观结构

图 3-4 为二氧化碳和质量浓度为 174.9 g/m³ 超细水雾共同作用对 9.5％甲烷/空气球型火焰传播过程的影响。从图 3-4 中可以看出，与 174.9 g/m³ 超细水雾相比，加入二氧化碳后火焰表面变得更加光滑，火焰不稳定性减弱，比如在 110 ms 时，随着二氧化碳体积分数的增加，火焰胞状面逐渐变大，数量逐渐减少，在加入 10％的二氧化碳后胞状面消失。此外，在点火后 110 ms 时，通入 174.9 g/m³ 超细水雾的火焰最明亮，而在通入二氧化碳后火焰亮度变暗，这表明加入的二氧化碳有助于抑制超细水雾参与爆炸反应。

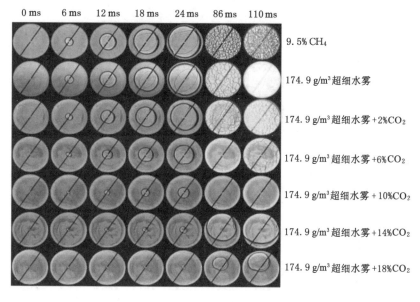

图 3-4　CO_2-超细水雾对 9.5％甲烷/空气球型火焰传播过程影响的纹影图像

3.1.5　氮气作用下瓦斯爆炸球型火焰微观结构

图 3-5 所示为不同体积分数氮气作用下 9.5％甲烷/空气预混气不同时刻的球型火焰传播纹影图像。为便于分析，图中给出了点火时刻、火焰发展到中间时刻、火焰到达视窗边缘时刻、火焰出现裂纹时刻、火焰形成胞格时刻以及爆炸后期的火焰图片。以图中 9.5％甲烷/空气为例，点火后火焰以球型向外发展，火焰表面光滑，在 12 ms 时火焰发展至中间，此时火焰半径为球型半径的一半，在 24 ms 时火焰到达边缘充满整个视窗，在 68 ms 时火焰出现褶皱现象，在 78 ms 时火焰形成胞格结构，出现火焰自加速，而火焰自加速现象的出现会促使爆炸强

度增强,造成更加严重的后果。

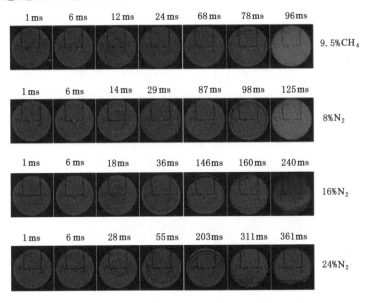

图 3-5　N_2 对 9.5％甲烷/空气球型火焰传播过程影响的纹影图像

　　本书选取 8％、16％、24％体积分数氮气作用下 9.5％甲烷/空气预混气的球型火焰传播纹影图像进行分析。当加入 8％氮气时火焰发展到各阶段的时间明显推延,到达视窗一半以及边缘时间延长至 14 ms 和 29 ms,出现裂纹和胞格时间延长至 87 ms 和 98 ms,这表明火焰传播速度明显变慢,且产生的胞格数量较无抑爆剂时明显减少,说明加入氮气能有效抑制火焰的传播,并可削弱球型火焰的不稳定性。当氮气浓度增长到 16％和 24％时,火焰发展到各阶段的时间进一步推延,火焰传播速度进一步降低,且火焰出现了明显的上浮现象。同时,氮气浓度越高,抑制火焰不稳定性的效果越好。

3.1.6　氮气-超细水雾作用下瓦斯爆炸球型火焰微观结构

　　图 3-6 所示为不同浓度氮气和超细水雾共同作用下 9.5％甲烷/空气预混气不同时刻的球型火焰传播纹影图像。图中给出了点火时刻、火焰发展到中间时刻、火焰到达视窗边缘时刻、火焰出现裂纹时刻、火焰形成胞格时刻以及爆炸后期的火焰图片。以 9.5％甲烷/空气为例,点火后 24 ms 火焰到达边缘充满整个视窗,在 68 ms 时火焰出现褶皱现象,在 78 ms 时火焰形成胞格结构,出现火焰自加速,而火焰自加速现象的出现会促使爆炸强度增强,造成更加严重的后果[30]。当加入 16％氮气或 280 g/m^3 超细水雾后火焰发展到各阶段的时间明显推

延,到达视窗边缘时间延长至 36 ms 和 38 ms,出现胞格时间延长至 160 ms 和 120 ms,且产生的胞格数量较无抑爆剂时明显减少,这说明加入氮气和超细水雾能有效抑制火焰的传播。在氮气和超细水雾共同作用时,火焰传播速度进一步降低,且火焰出现了明显的上浮现象,如当 16% 氮气和 280 g/m³ 超细水雾共同作用时,火焰在 62 ms 时到达视窗上边缘,且火焰胞格结构基本消失,这说明氮气和超细水雾共同作用可以很好地降低火焰传播速度,抑制火焰的不稳定性。

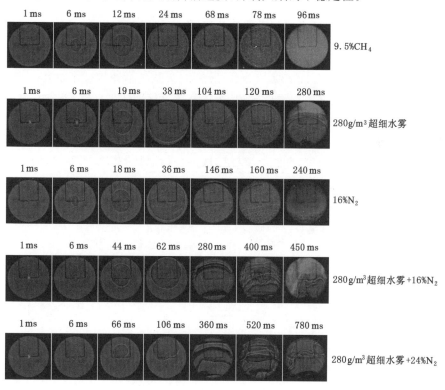

图 3-6　N₂-超细水雾对 9.5% 甲烷/空气
球型火焰传播过程影响的纹影图像

3.2　单一抑制剂和气液两相抑爆剂对瓦斯爆炸球型火焰传播速度的影响

火焰传播速度是反映火焰前沿传播快慢的一个指标,是火焰相对静止坐标系的速度,它不是燃料的特征量,而取决于火焰阵面前气流的扰动情况。火焰传播速度也是反映预混气体爆炸特征的一个重要参数,当火焰受到不稳定性影响时,火焰表面会变得褶皱不平,从而增大火焰表面和未燃气体的接触面积,促使燃烧速率增加,增强爆炸破坏效应。在某些情况下燃烧可能会变成爆轰,达到最大的破坏效果[76]。因此,研究抑爆剂对瓦斯爆炸初期球型火焰传播速度的影响就显得尤为重要,本节将探讨二氧化碳、氮气和超细水雾对瓦斯爆炸初期球型火焰传播速度的影响。

3.2.1 二氧化碳对球型火焰传播速度的影响

图 3-7 为在不同体积分数二氧化碳作用下火焰传播速度的变化规律。由图 3-7(a)可知,随着二氧化碳体积分数的增加,火焰传播速度逐渐减小。此外,二氧化碳对火核形成期的影响也比较大,随着二氧化碳体积分数的增加,点火对火焰传播速度的影响越来越小,这可能是此时火焰传播速度较小造成的。图 3-7(b)为二氧化碳浓度对火焰传播速度的影响曲线,由图可知,二氧化碳能够明显降低火焰传播速度,并且二氧化碳浓度越高抑制作用越明显,当加入体积分数为 18% 的二氧化碳时,火焰传播速度下降了 81.3%。

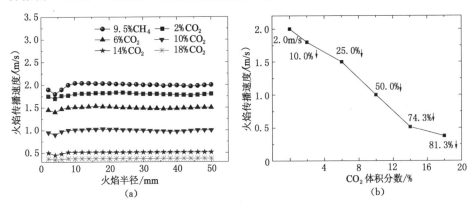

图 3-7　CO_2 对 9.5% 甲烷/空气球型火焰传播速度的影响

3.2.2 超细水雾对球型火焰传播速度的影响

图 3-8 为不同质量浓度超细水雾对火焰传播速度的影响情况。其中,图 3-8(a)为不同质量浓度超细水雾下火焰传播速度随火焰半径的变化关系。由图 3-8(a)可知,点火后火焰传播速度的变化可以分为两个时期:(1)火核形成期;(2)火焰发展期。火核形成期的火焰传播速度随火焰半径增大而减小,在半径为 4 mm 左右时火焰传播速度最小,然后开始上升,在半径为 7 mm 左右时火

焰传播速度趋于稳定,因而在半径为 7 mm 后测得的火焰传播速度较为准确,这主要是因为火核形成期火焰发展受到点火能量的影响较大[80]。火核形成后以膨胀球型火焰向外传播,火焰表面逐渐远离点火位置,火焰表面受点火作用的影响逐渐减小,这个时期是火焰发展期。图 3-8(b)为超细水雾质量浓度对火焰传播速度的影响曲线。由图 3-8(b)可知,随着超细水雾质量浓度的增加,9.5％甲烷/空气球型火焰传播速度先增加后减小,通入 58.3 g/m³ 超细水雾时的火焰传播速度增加了 20％,这是由于超细水雾对爆炸火焰流场产生明显影响,使爆炸火焰流场结构发生改变,这会使球型层流火焰表面产生褶皱,燃烧面积增大,从而使火焰传播速度加快。当超细水雾质量浓度增至 116.6 g/m³ 时,球型火焰的传播速度降低并不明显,只下降了 5.0％;当超细水雾质量浓度达到 350 g/m³ 时有了明显降低,下降了 50％。这表明超细水雾量不足时其火焰传播速度降低并不明显,甚至有可能会造成火焰加速,只有当超细水雾量充足时才会有明显的抑爆作用。

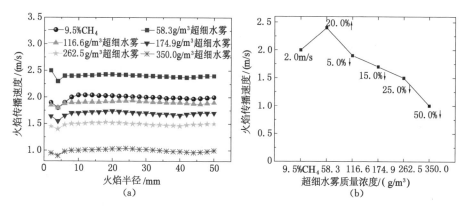

图 3-8　超细水雾对 9.5％甲烷/空气球型火焰传播速度的影响

3.2.3　二氧化碳-超细水雾对球型火焰传播速度的影响

图 3-9 为 350 g/m³ 超细水雾和不同体积分数二氧化碳共同作用对火焰传播速度的影响。由图 3-9 可知,火焰传播速度的变化趋势没有发生变化,但是当超细水雾和二氧化碳共同作用时火焰传播速度下降得更加明显。加入 350 g/m³ 超细水雾时的火焰传播速度下降了 50％;只加入 18％的二氧化碳时的火焰传播速度下降了 81.3％,而 350 g/m³ 超细水雾和 18％的二氧化碳共同作用时火焰传播速度下降了 91％,抑爆效果有所提升但是提升不太明显,这是因为加入的超细水雾量较少。

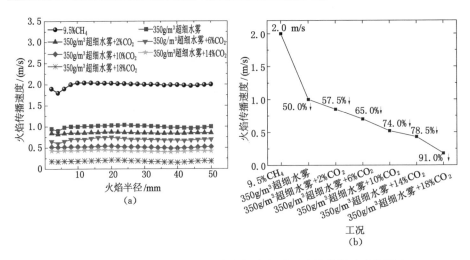

图 3-9　CO_2-超细水雾对 9.5%甲烷/空气球型火焰传播速度的影响

3.2.4　氮气对球型火焰传播速度的影响

图 3-10 所示为不同体积分数氮气对 9.5%甲烷/空气预混气的火焰传播速度的影响。由图 3-10 可以看出,甲烷/空气爆炸火焰传播速度可以分为三个阶段:Ⅰ阶段为点火期,点火初期火焰表现为明显的加速;Ⅱ阶段为火焰形成期,此时火焰传播速度随火焰半径的增大而减小,对于 9.5%甲烷/空气,在半径为 5 mm 左右时火焰传播速度最大,然后开始下降,在半径为 10 mm 左右时进入下一阶段;Ⅲ阶段为火焰发展阶段,火焰在中心位置以球型火焰向外传播,并逐渐充满整个视窗,此时火焰传播速度逐渐趋于稳定。火焰传播速度随氮气浓度的增加而逐渐减小,当通入 24%氮气时,火焰传播速度较无抑爆剂时下降了 65%;随着氮气浓度的增加,火焰传播速度Ⅱ阶段火焰形成期的时间也逐渐增加,这主要是因为随着氮气浓度的增加,火焰传播速度变慢,火焰表面受点火作用的影响较大。

3.2.5　氮气-超细水雾对球型火焰传播速度的影响

图 3-11 所示为不同浓度氮气和超细水雾共同作用对 9.5%甲烷/空气预混气的火焰传播速度的影响。由图 3-11 可以看出,氮气和超细水雾共同作用时,火焰传播速度较超细水雾单独作用时下降幅度明显增加,当通入 280 g/m³超细水雾和24%氮气时,火焰传播速度较无抑爆剂时下降了 92%,大于 280 g/m³超细水雾或24%氮气单独作用时火焰传播速度的下降幅度,这说明氮气和超细水雾共同作用时对火焰传播速度的抑制效果要明显优于氮气或超细水雾单一作用。

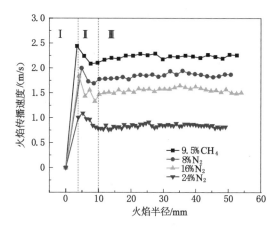

图 3-10　N_2 对 9.5％甲烷/空气球型火焰传播速度的影响

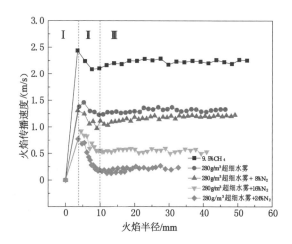

图 3-11　N_2-超细水雾对 9.5％甲烷/空气球型火焰传播速度的影响

3.3　本章小结

　　本章分别从火焰微观结构、火焰传播速度两个方面研究了二氧化碳-超细水雾、氮气-超细水雾两种气液两相抑爆剂对瓦斯爆炸初期火焰传播特性的影响，主要得到了如下结论：

　　（1）随着二氧化碳体积分数的增加，点火后同一时间内火焰半径逐渐减小，球型火焰表面趋于光滑，胞状面出现的时刻延迟，胞状结构数目明显减少；当二氧化碳体积分数大于 14％时球型火焰上浮现象越加严重。

（2）随着超细水雾质量浓度的增加，点火后同一时刻的火焰半径先增加后减小。例如，通入 58.3 g/m³ 超细水雾时的火焰半径大于纯甲烷爆炸的火焰半径，此后随着超细水雾质量浓度的增加火焰半径逐渐减小。同时，超细水雾还能增加胞状结构的尺寸，增加火焰亮度。另外，58.3 g/m³ 超细水雾的胞状面发展最充分，不加超细水雾、174.9 g/m³ 超细水雾、262.5 g/m³ 超细水雾和 350 g/m³ 超细水雾的胞状面发展程度逐渐减弱。

（3）二氧化碳-超细水雾、氮气-超细水雾共同作用对爆炸初期火焰传播微观结构有显著影响，火焰胞状面逐渐变大，数量逐渐减少。例如，在加入 10％二氧化碳后胞状面消失，同时火焰亮度变暗；当 16％氮气和 280 g/m³ 超细水雾共同作用时，火焰明显上浮，火焰在 62 ms 时才到达视窗上边缘，且火焰胞格结构基本消失，体现出两者共同作用时能够降低火焰不稳定性，抑制少量超细水雾诱发的抑爆不稳定现象。

（4）二氧化碳-超细水雾、氮气-超细水雾对火焰传播速度的抑制效果均优于单一抑制剂作用时的情况，并且随着二氧化碳、氮气体积分数和超细水雾质量浓度的增加抑制效果更加明显。

4　单一抑制剂和气液两相抑爆剂对瓦斯爆炸强度影响研究

爆炸强度是衡量爆炸威力的一个指标,爆炸强度越强,爆炸威力越大,爆炸所造成的损失也就越大。衡量爆炸强度的指标主要有爆炸超压、爆炸超压上升速率和爆炸指数。本节主要从爆炸超压和爆炸超压上升速率这两个方面进行分析,研究二氧化碳和超细水雾、氮气和超细水雾两种气液两相抑爆剂对瓦斯爆炸初期爆炸强度的影响规律。

4.1　二氧化碳对瓦斯爆炸强度的影响

图 4-1 为不同体积分数二氧化碳对瓦斯爆炸初期爆炸超压的影响曲线。首先,由图 4-1 可以看出不同体积分数二氧化碳作用下的爆炸超压曲线具有相似的变化趋势,呈现出先不变、再增加后减小的变化趋势。因此,可以把点火后定容燃烧弹内的压力变化分为三个时期:(Ⅰ)压力滞后期;(Ⅱ)压力增长期;(Ⅲ)压力衰减期。在甲烷被点燃后,球型火焰以层流状态向外传播,此时的火焰传播速度较小,定容燃烧弹内的压力变化不大,这个时期称为压力滞后期;当火焰继续向外发展时,火焰不稳定造成火焰加速,形成爆炸冲击波导致定容燃烧弹内压力增大,这个时期称为压力增长期;火焰继续发展,定容燃烧弹内的甲烷即将燃尽,燃烧速度减慢直至火焰熄灭,造成定容燃烧弹内的压力衰减,这个时期为压力衰减期。其次,可以看出随着二氧化碳体积分数的增加,压力滞后期和压力增长期所用时间均有所增加,爆炸超压曲线上升时刻明显延迟。比如,9.5％甲烷/空气爆炸时的压力滞后期为 41.6 ms,而在加入 18％的二氧化碳后滞后期延长到 185.0 ms,增加了 344.7％。再次,可以发现二氧化碳对超压峰值和超压峰值到达时间也有很大影响,二氧化碳浓度越高,超压峰值越低,超压峰值到达时间越长;比如在 18％二氧化碳作用下,超压峰值下降了 37.9％,超压峰值到达时间则增加了 449.4％。最后,可以看出在爆炸超压增长期随着二氧化碳体积分数的增加爆炸超压曲线斜率明显降低,这表明爆炸超压上升速率明显减小。由此可以看出,二氧化碳对 9.5％甲烷/空气爆炸具有明显的抑制作用,

使爆炸强度减小,爆炸反应速率减慢。

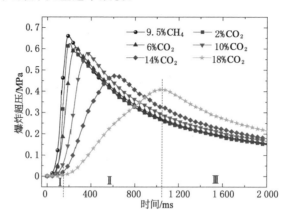

图 4-1 CO_2 对爆炸超压的影响

爆炸超压上升速率是表示爆炸超压上升快慢的物理量,其值越大表明爆炸超压增加得越快,爆炸强度越强。爆炸超压上升速率的计算公式如式(4-1)所示:

$$v_p = \frac{\Delta p}{\Delta t} \qquad (4-1)$$

图 4-2 为不同体积分数二氧化碳对爆炸超压和爆炸超压上升速率的影响曲线。其中,图 4-2(a)为不加二氧化碳时的工况,图 4-2(b)至图 4-2(f)分别为加入体积分数为 2%、6%、10%、14%、18%二氧化碳时的工况。对比各图可以看出,爆炸超压和爆炸超压上升速率具有相似的变化趋势,定容燃烧弹内的瓦斯被点燃后以球型火焰向外发展,压力波随之产生,但是爆炸超压变化较小,爆炸超压上升速率在零点附近,基本不发生变化;随着球型火焰继续向外传播,压力波增强,爆炸超压开始增加,爆炸超压上升速率也逐渐增加,当爆炸超压上升速率达最大时,爆炸超压增加得最快;随后,爆炸超压上升速率逐渐减小,爆炸超压增加得越来越慢;当爆炸超压上升速率降到零点时,爆炸超压不再增加,这时爆炸超压达到最大值。此外,可以发现爆炸超压在上升过程中会出现跳跃现象,这在爆炸超压上升速率曲线上表现得更加明显,结合火焰纹影图像可以看出这可能是爆炸火焰和冲击波与定容燃烧弹内壁相互作用的结果,器壁的吸热冷却作用使之发生跳跃;但是随着二氧化碳体积分数的增加跳跃现象逐渐减弱,这是由于高浓度的二氧化碳明显降低了爆炸强度,减小了火焰传播速度和冲击波的能量,从而导致爆炸火焰和冲击波与定容燃烧弹内壁相互作用的强度减弱。

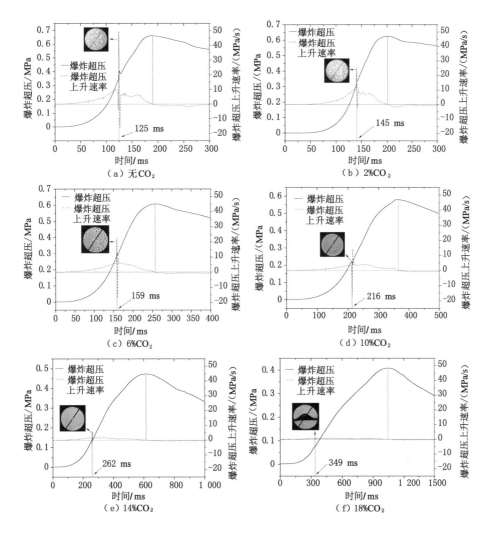

图 4-2　CO_2 对爆炸超压和爆炸超压上升速率的影响

　　图 4-3 为不同体积分数二氧化碳对瓦斯爆炸超压上升速率的影响曲线(扫描右侧二维码获取彩图,下同)。由图 4-3 可以看出,二氧化碳对瓦斯爆炸超压上升速率有重要影响,随着二氧化碳体积分数的增加,最大爆炸超压上升速率明显降低,这说明二氧化碳能够明显抑制瓦斯爆炸超压的快速增加;此外,可以发现随着二氧化碳体积分数的增加,最大爆炸超压上升速率来临时间明显延迟,这是由于加入的二氧化碳降低了瓦斯爆炸火焰传播速度,减小了由压力波造成的爆炸超压上升速率,进而使得瓦斯最大爆炸超压上升速率来临时间明显延迟。

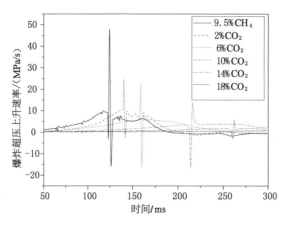

图 4-3　CO_2 对爆炸超压上升速率的影响

图 4-4 给出了不同体积分数二氧化碳对爆炸超压峰值、爆炸超压峰值来临时间、最大爆炸超压上升速率以及最大爆炸超压上升速率来临时间的影响情况。由图 4-4 可以看出,爆炸超压峰值和最大爆炸超压上升速率具有相似的变化趋势,而爆炸超压峰值来临时间和最大爆炸超压上升速率来临时间具有相似的变化趋势。随着二氧化碳体积分数的增加,爆炸超压峰值和最大爆炸超压上升速率明显降低,并且二氧化碳体积分数越高其降低得越明显,比如当加入 18％的二氧化碳时爆炸超压峰值降低了 38.1％,最大爆炸超压上升速率则降低了 98.0％;与此相对应的是,随着二氧化碳体积分数的增加爆炸超压峰值来临时间和最大爆炸超压上升速率来临时间均有了明显增加,比如当加入 18％的二氧化碳时爆炸超压峰值来临时间增加了 618.5％,而最大爆炸超压上升速率来临时

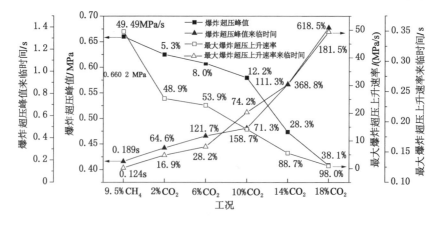

图 4-4　CO_2 对爆炸超压峰值和最大爆炸超压上升速率及其来临时间的影响

间则增加了181.5％。由此可见,二氧化碳不仅可以降低爆炸超压,还可以抑制爆炸超压快速增加,这说明二氧化碳对瓦斯初期爆炸具有很好的抑制作用。

表4-1给出了在不同体积分数二氧化碳作用下爆炸超压峰值、爆炸超压峰值来临时间、最大爆炸超压上升速率和最大爆炸超压上升速率来临时间的数据。

表4-1　二氧化碳作用下爆炸超压峰值和最大爆炸超压上升速率及其来临时间数据

工况	爆炸超压峰值/MPa	爆炸超压峰值来临时间/s	最大爆炸超压上升速率/(MPa/s)	最大爆炸超压上升速率来临时间/s
9.5％CH₄	0.660 2	0.189	49.49	0.124
2％CO₂	0.625 1	0.311	25.29	0.145
6％CO₂	0.607 6	0.419	22.83	0.159
10％CO₂	0.579 6	0.489	14.18	0.216
14％CO₂	0.473 5	0.886	5.60	0.262
18％CO₂	0.408 5	1.358	0.98	0.349

4.2　超细水雾对瓦斯爆炸强度的影响

图4-5是不同质量浓度超细水雾对9.5％甲烷/空气爆炸超压的影响曲线。由图4-5可知,曲线与图4-1有相似的变化趋势,即定容燃烧弹内的爆炸压力也同样经历了三个阶段。首先,可以看出当加入少量超细水雾后爆炸超压峰值不仅没有降低反而有所增加,比如在超细水雾质量浓度为58.3 g/m³时爆炸超压峰值增加了4.5％,这是因为超细水雾的水雾吸热作用不足以抵消超细水雾的

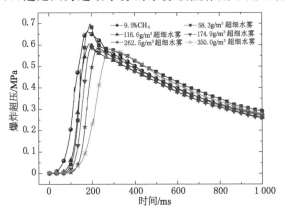

图4-5　超细水雾对爆炸超压的影响

汽化升压作用,使得密闭容器内部压力升高,这反过来又促进了瓦斯的燃烧反应,最终导致爆炸强度增加[79]。

其次,随着超细水雾质量浓度的增加,大量超细水雾的汽化吸热作用和冷却稀释作用造成爆炸超压峰值逐渐降低,超细水雾的抑制效应才起主要作用。这表明少量的超细水雾并不能抑制瓦斯爆炸,只有当超细水雾达到一定量时才能抑制瓦斯爆炸。

最后,可以发现随着通入的超细水雾质量浓度的增加,爆炸超压峰值来临时间逐渐延迟,爆炸超压增加得更为缓慢,爆炸超压上升速率逐渐降低,这表明超细水雾能够明显抑制瓦斯爆炸初期爆炸强度,超细水雾质量浓度是抑制瓦斯初期爆炸效果的重要影响因素。

为了分析超细水雾对瓦斯爆炸初期爆炸超压上升速率的影响,本书对在不同质量浓度超细水雾作用下的爆炸超压曲线进行了求导,得到了爆炸超压上升速率曲线。图 4-6 为超细水雾对爆炸超压和爆炸超压上升速率的影响曲线。其中,图 4-6(a)为不加超细水雾时的工况,图 4-6(b)至图 4-6(f)分别为加入超细水雾质量浓度为 $58.3\ g/m^3$、$116.6\ g/m^3$、$172.9\ g/m^3$、$262.5\ g/m^3$、$350.0\ g/m^3$ 时的工况。对比各图可以发现,在不同质量浓度超细水雾作用下瓦斯爆炸超压和

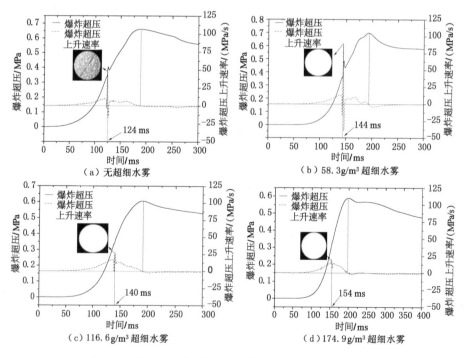

图 4-6　超细水雾对爆炸超压和爆炸超压上升速率的影响

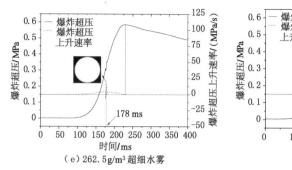
（e）262.5g/m³ 超细水雾

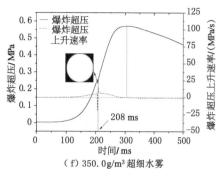
（f）350.0g/m³ 超细水雾

图 4-6（续）

爆炸超压上升速率具有相似的变化趋势,定容燃烧弹内的瓦斯被点燃后的一段时间内,爆炸超压未发生明显变化,爆炸超压上升速率位于零点附近。随着球型火焰继续向外传播,定容燃烧弹内的压力逐渐增加,爆炸超压上升速率也在逐渐增加,当爆炸超压上升到一定程度后,爆炸超压上升速率急剧增大,出现了一个明显的跳跃现象,这与前文所述二氧化碳对爆炸超压上升速率曲线的影响相类似,也是火焰接触到定容燃烧弹内壁造成的现象。在经过跳跃现象后,爆炸超压上升速率开始降低,这表明爆炸超压增加趋势有所减缓,当爆炸超压上升速率将为零时爆炸超压达到最大。最终由于定容燃烧弹内的瓦斯燃尽,爆炸超压开始降低,爆炸超压上升速率降到零点以下。

图 4-7 给出了在不同质量浓度超细水雾作用下爆炸超压上升速率的影响曲线。首先由图 4-7 可知,在不同质量浓度超细水雾作用下爆炸超压上升速率有相似的变化趋势,都是先增加、经过一个跳跃期后再减小。其次,可以发现当加入58.3 g/m³ 的超细水雾时,最大爆炸超压上升速率相比不加超细水雾时有所增加,但是最大爆炸超压上升速率来临时间有所延迟;而当加入 116.6 g/m³ 的超细水雾时,爆炸超压上升速率相比不加超细水雾时有所降低,最大爆炸超压上升速率来临时间也有所延迟。最后,随着超细水雾质量浓度的增加,最大爆炸超压上升速率逐渐减小,最大爆炸超压上升速率来临时间逐渐延迟。综上所述,当加入少量的超细水雾时最大爆炸超压上升速率不仅没有减小,反而有所增加,这表明当超细水雾不足时会促进爆炸超压快速增加,只有当超细水雾充足时才会对爆炸超压上升速率表现出抑制作用。

图 4-8 给出了不同质量浓度超细水雾对定容燃烧弹内的瓦斯爆炸超压峰值、爆炸超压峰值来临时间、最大爆炸超压上升速率以及最大爆炸超压上升速率来临时间的影响。首先由图 4-8 可知,爆炸超压峰值和最大爆炸超压上升速率具有相似的变化趋势,随着超细水雾质量浓度的增加,瓦斯爆炸超压峰值和最大

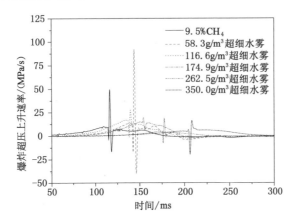

图 4-7　超细水雾对爆炸超压上升速率的影响

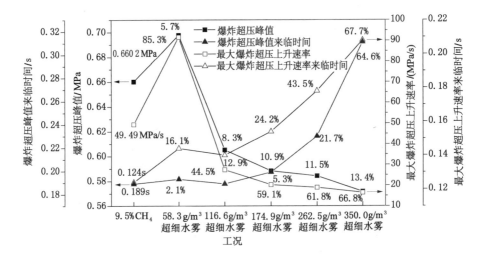

图 4-8　超细水雾对爆炸超压峰值和最大爆炸超压上升速率及其来临时间的影响

爆炸超压上升速率先增加后减小，当加入 58.3 g/m³ 超细水雾时，爆炸超压峰值和最大爆炸超压上升速率相比不加超细水雾时分别增加了 5.7% 和 85.3%，这表明加入少量的超细水雾增强了瓦斯爆炸强度。

其次，随着超细水雾质量浓度的增加，爆炸超压峰值和最大爆炸超压上升速率明显降低，并且超细水雾质量浓度越大降低的幅度越大。比如当加入 262.5 g/m³ 超细水雾时，爆炸超压峰值和最大爆炸超压上升速率分别下降了 11.5% 和 61.8%；而当加入 350.0 g/m³ 超细水雾时，爆炸超压峰值和最大爆炸超压上升速率分别下降了 13.4% 和 66.8%。这表明超细水雾质量浓度是抑制瓦斯爆炸初期爆炸强度的重要影响因素,只有当超细水雾质量浓度足够大时才能降低瓦斯爆炸初期的爆炸强度,否则会增强瓦斯爆炸初期的爆炸强度,造成更大的破坏作用。因此,判定超细水雾临界质量浓度对于抑制瓦斯爆炸具有重要意义,这将在以后的研究中继续探讨。

最后,可以发现爆炸超压峰值来临时间和最大爆炸超压上升速率来临时间有相似的变化趋势。随着超细水雾质量浓度的增加,爆炸超压峰值来临时间和最大爆炸超压上升速率来临时间均明显增加,并且超细水雾质量浓度越高其增加的幅度越大。比如当加入 262.5 g/m³ 超细水雾时,爆炸超压峰值来临时间和最大爆炸超压上升速率来临时间相比不加超细水雾时分别增加了 21.7% 和43.5%;而当加入 350.0 g/m³ 超细水雾时,其分别增加了 64.6% 和 67.7%。这表明超细水雾能够明显延迟爆炸超压峰值来临时间和最大爆炸超压上升速率来临时间,并且超细水雾质量浓度越大抑制效果越明显。

表 4-2 表示在不同质量浓度超细水雾作用下爆炸超压峰值、爆炸超压峰值来临时间、最大爆炸超压上升速率和最大爆炸超压上升速率来临时间的数据。

表 4-2　超细水雾作用下爆炸超压峰值和最大爆炸超压上升速率及其来临时间数据

工况	爆炸超压峰值 /MPa	爆炸超压峰值 来临时间/s	最大爆炸超压 上升速率/(MPa/s)	最大爆炸超压上升 速率来临时间/s
9.5%CH₄	0.660 2	0.189	49.49	0.124
58.3 g/m³ 超细水雾	0.697 7	0.193	91.71	0.144
116.6 g/m³ 超细水雾	0.605 1	0.189	27.48	0.140
174.9 g/m³ 超细水雾	0.588 2	0.199	20.23	0.154
262.5 g/m³ 超细水雾	0.584 1	0.230	18.90	0.178
350.0 g/m³ 超细水雾	0.571 5	0.311	16.45	0.208

4.3　二氧化碳-超细水雾对瓦斯爆炸强度的影响

为了说明超细水雾和二氧化碳共同作用对 9.5% 甲烷/空气爆炸超压的影

响,本书选取质量浓度为 350 g/m³ 的超细水雾和不同体积分数二氧化碳共同作用的工况来进行分析。图 4-9 是质量浓度为 350 g/m³ 的超细水雾和不同体积分数二氧化碳共同作用对 9.5% 甲烷/空气爆炸超压的影响曲线。由图 4-9 和图 4-1 或图 4-5 对比可以看出,超细水雾和二氧化碳共同作用时的抑爆效果更加明显,当往超细水雾中加入二氧化碳后爆炸超压峰值明显降低,爆炸超压峰值来临时间显著增加;并且随着二氧化碳体积分数的增加,超细水雾和二氧化碳的综合抑爆能力增强。表 4-3 给出了 18% 的二氧化碳和 350 g/m³ 的超细水雾单独作用以及共同作用下爆炸超压峰值和最大爆炸超压上升速率及其来临时间数据。由表 4-3 可以看出,当二氧化碳和超细水雾共同作用时,爆炸超压峰值和最大爆炸超压上升速率及其来临时间要大于单一作用时的情况,这表明二氧化碳和超细水雾共同作用时的抑爆效果要优于单一作用时的情况。

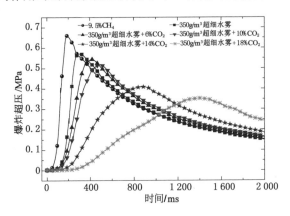

图 4-9　CO₂-超细水雾对爆炸超压的影响

表 4-3　抑爆剂单独作用以及共同作用下爆炸超压峰值和
最大爆炸超压上升速率及其来临时间数据

工况	爆炸超压峰值下降率/%	爆炸超压峰值来临时间增长率/%	最大爆炸超压上升速率下降率/%	最大爆炸超压上升速率来临时间增长率/%
18%CO₂	38.1	618.5	98.0	181.5
350 g/m³ 超细水雾	13.4	64.6	66.8	67.7
18%CO₂＋350 g/m³ 超细水雾	46.6	638.1	103.8	200.5

4.4　氮气对瓦斯爆炸强度的影响

图 4-10 给出了不同体积分数氮气作用于 9.5％甲烷/空气预混气时的爆炸超压曲线。由图 4-10 可以看出,爆炸超压曲线可分为三个阶段,即压力平稳期、压力上升期和压力衰减期。随着氮气浓度的增大,甲烷/空气预混气的爆炸超压不断下降,爆炸超压峰值来临时间延长。通入 24％氮气时较无氮气时爆炸超压峰值下降了 25.3％,爆炸超压峰值来临时间增加了 279.8％。

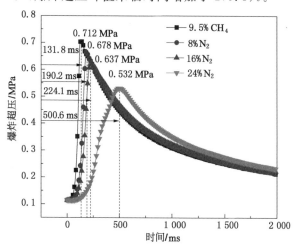

图 4-10　N_2 对爆炸超压的影响

图 4-11 给出了不同体积分数氮气作用于 9.5％甲烷/空气预混气时的爆炸超压上升速率曲线。由图 4-11 可以看出,随着氮气浓度的增大,甲烷/空气预混气的爆炸超压上升速率峰值不断下降,且曲线向右移动,最大爆炸超压上升速率的来临时间延长。当通入氮气时,爆炸前期爆炸超压上升速率明显降低,爆炸超压趋于稳定,即爆炸过程处于压力平稳期的时间延长,这将为煤矿抑爆技术设计提供参考。当通入不同浓度氮气时,爆炸超压上升速率的发展趋势基本相同,爆炸超压上升速率由零增至最大后逐级减小,分为爆炸超压加速上升和减速上升两个阶段,当爆炸超压上升速率降为零时,爆炸超压达到最大,当爆炸超压上升速率降为负值时,此时爆炸超压开始衰减。通入 24％氮气时较无氮气时爆炸超压上升速率下降了 87.0％,最大爆炸超压上升速率来临时间增加了 156.3％。

图 4-12 给出了氮气对 9.5％甲烷/空气预混气的爆炸超压峰值、爆炸超压峰值来临时间、最大爆炸超压上升速率及最大爆炸超压上升速率来临时间的影响。

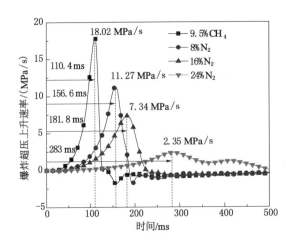

图 4-11　N₂ 对爆炸超压上升速率的影响

由图 4-12 可以看出,爆炸超压峰值和最大爆炸超压上升速率具有相似的变化趋势,而爆炸超压峰值来临时间和最大爆炸超压上升速率来临时间具有相似的变化趋势。氮气可以有效地降低瓦斯爆炸时的爆炸超压峰值和最大爆炸超压上升速率,延长爆炸超压峰值来临时间和最大爆炸超压上升速率来临时间。

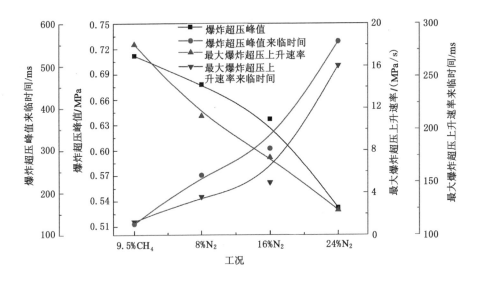

图 4-12　N₂ 对爆炸超压峰值、爆炸超压峰值来临时间、
最大爆炸超压上升速率及最大爆炸超压上升速率来临时间的影响

4.5　氮气-超细水雾对瓦斯爆炸强度的影响

图 4-13 为不同浓度氮气-超细水雾对 9.5％甲烷/空气预混气爆炸超压及其来临时间的影响。为了说明氮气和超细水雾共同作用对 9.5％甲烷/空气预混气爆炸超压的影响,选取质量浓度为 280 g/m³ 的超细水雾和不同体积分数氮气共同作用的工况来进行分析。与氮气或超细水雾单独作用相比,氮气和超细水雾共同作用抑制效果更加明显,如 280 g/m³ 超细水雾和 24％氮气共同作用时较无抑爆剂时爆炸超压峰值下降了 48.2％,爆炸超压峰值来临时间增加了 516.4％,压力平稳期明显延后。

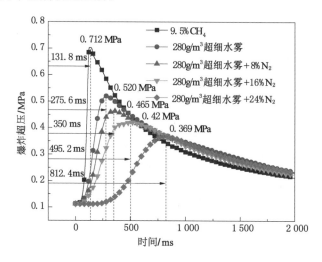

图 4-13　N₂-超细水雾对爆炸超压的影响

图 4-14 为不同浓度氮气-超细水雾共同作用对 9.5％甲烷/空气预混气爆炸超压上升速率的影响。选取质量浓度为 280 g/m³ 的超细水雾和不同体积分数氮气的工况进行分析,可以看出,氮气和超细水雾共同作用抑制效果更加明显。例如,280 g/m³ 超细水雾和 24％氮气共同作用时较无抑爆剂时爆炸超压上升速率下降了 83.0％,最大爆炸超压上升速率来临时间增加了 46.7％。

图 4-15 为氮气和超细水雾共同作用对 9.5％甲烷/空气预混气爆炸超压峰值、爆炸超压峰值来临时间、最大爆炸超压上升速率及最大爆炸超压上升速率来临时间的影响。通过对比可以看出,氮气和超细水雾两相抑爆剂作用下爆炸超压峰值和最大爆炸超压上升速率的下降趋势要明显大于单一抑制剂。例如,280 g/m³ 超细水雾和 24％氮气共同作用时较无抑爆剂时爆炸超压峰值下降了

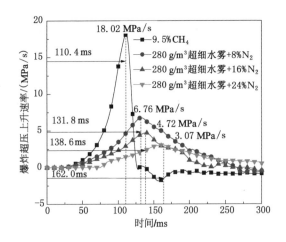

图 4-14 N₂-超细水雾对爆炸超压上升速率的影响

48.2%,爆炸超压峰值来临时间增加了 516.4%,爆炸超压峰值上升速率下降了 95.4%,最大爆炸超压上升速率来临时间增加了 367.8%。

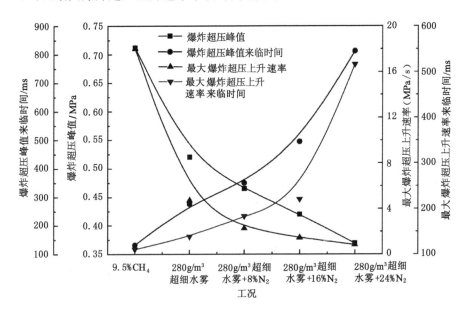

图 4-15 N₂-超细水雾对爆炸超压峰值、爆炸超压峰值来临时间、最大爆炸超压上升速率及最大爆炸超压上升速率来临时间的影响

4.6　本章小结

本章研究了二氧化碳-超细水雾、氮气-超细水雾两种气液两相抑爆剂对瓦斯爆炸强度的影响,主要得到了如下结论:

(1)二氧化碳、氮气体积分数和超细水雾质量浓度是影响其单独抑爆效果的主要因素,要达到理想的抑爆水平,需要使用较高浓度的抑爆剂,且超细水雾质量浓度不足时(58.3 g/m³)有促爆作用,超细水雾质量浓度只有达到一定值时才能有效抑制瓦斯爆炸。

(2)二氧化碳-超细水雾、氮气-超细水雾对爆炸超压和爆炸超压上升速率均具有良好的抑制效果,并且随着二氧化碳、氮气体积分数和超细水雾质量浓度的增加抑制效果更加明显。

(3)二氧化碳-超细水雾、氮气-超细水雾共同作用时的抑爆效果要优于单一抑爆作用,明显降低了甲烷爆炸超压峰值和平均爆炸超压上升速率,以及推迟了爆炸超压峰值来临时间,有助于抑制爆炸初期的火焰自加速。

5　气液两相介质对瓦斯爆炸球型火焰
不稳定性影响分析

密闭容器内的瓦斯被点燃后以球型火焰向外传播,球型火焰会经历从稳定火焰到不稳定火焰的变化过程。从本书的实验结果可以看出,在这一变化过程中球型火焰主要经历了以下几个阶段:首先,球型火焰被点燃后以层流状态向外传播,火焰表面光滑,火焰传播速度基本不发生变化;其次,在火焰表面出现了裂纹和褶皱,对这些裂纹出现的原因可以概括为两点,其一是点火电极的影响[77],其二是沿火焰面的压力梯度和垂直火焰面的密度梯度的不均匀性[81];再次,在火焰表面会出现交叉的分裂线,也就是常说的较大的胞;此后,这些大的胞会分化成较小的胞,逐渐形成完全均匀的胞状结构,此时火焰变成了胞状不稳定状态,火焰表面积增大,火焰表面和未燃气的对流和传导传热增加,造成火焰燃烧速率增加,促使火焰自加速,由于爆炸波的强度取决于火焰传播,这种加速可能导致强烈的爆炸波而造成相当大的损害[19];最后,如果火焰半径足够大,则会形成湍流火焰,甚至形成爆轰,造成更加严重的伤亡事故。

由此可见,造成火焰自加速的根本原因是火焰表面的胞状化,而造成火焰表面胞状化的原因是火焰不稳定性。因此,很有必要研究气液两相介质对瓦斯爆炸球型火焰不稳定性的影响,这对于探讨气液两相介质抑制瓦斯爆炸球型火焰自加速机理具有重要意义。

5.1　瓦斯爆炸球型火焰不稳定性基本理论

随着可视化技术的快速发展,人们可以通过拍摄爆炸火焰图像来分析火焰的不稳定性。前人对于火焰不稳定性基本理论的研究已经相当深入,概括起来造成火焰不稳定性的原因主要有:流体动力学不稳定性、热-质扩散不稳定性和浮力不稳定性[82]。

(1) 流体动力学不稳定性(D-L 不稳定性)

爆炸燃烧是一种化学放热反应,会在火焰面两侧形成温度差,由于温度和密度成反比,温度差的存在会在火焰面两侧形成密度差,从而导致火焰面两侧密度的跳动,这种由于火焰面两侧密度的跳动而引起的火焰不稳定性称为流体动力学不稳定性。流体动力学不稳定性最早是由 Darrieus 和 Landau 提出的,因此也被称为 D-L 不稳定性。流体动力学不稳定性机制示意图如图 4-1 所示。

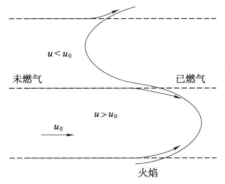

$$u < u_0$$

未燃气　　　　　　　　　　　已燃气

$$u > u_0$$

$$u_0$$

火焰

图 5-1　流体动力学不稳定性机制示意图[83]

假设一维无拉伸火焰面沿着火焰面法线方向由已燃气向未燃气传播,火焰传播速度为 u_0,未燃气的传播速度也为 u_0。当一维无拉伸火焰面受到扰动时,火焰表面形成波峰(火焰表面凸向未燃气)和波谷(火焰表面凸向已燃气)。对于波峰来说,当未燃气流经火焰面时,在曲率的影响下流线发生弯曲,具体来说就是流线发散,造成未燃气的传播速度小于火焰传播速度,即 $u < u_0$,促使波峰进一步向未燃气发展;而对于波谷来说,当未燃气流经火焰面时,在曲率的影响下流线发生汇聚,造成未燃气的传播速度小于火焰传播速度,即 $u > u_0$,促使波谷进一步凹陷。在火焰传播过程中,流体动力学不稳定性始终存在,也就是说流体动力学不稳定性贯穿于火焰传播的整个阶段。

先前的研究表明,流体动力学不稳定性产生的原因是火焰表面密度的跳跃,并且流体动力学不稳定性与膨胀率密切相关,该膨胀率 σ 被定义为未燃混合气的密度(ρ_u)与已燃混合气的密度(ρ_b)之比[84]:

$$\sigma = \frac{\rho_u}{\rho_b} \tag{5-1}$$

式中　　ρ_u——未燃混合气的密度;

　　　　ρ_b——已燃混合气的密度。

其中,可以根据初始热力学参数计算出 ρ_u,并且可以通过 Chemkin-Pro 模拟软件计算出 ρ_b。公认的是,膨胀率越大,流体动力学不稳定性越强。

此外,火焰厚度也是控制流体动力学不稳定性的敏感性参数[84]。火焰厚度 δ 被定义为燃烧区和未燃烧区之间的距离,并可通过式(5-2)[84]获得:

$$\delta = \frac{T_b - T_u}{(\mathrm{d}T/\mathrm{d}R)_{\max}} \tag{5-2}$$

式中　　T_b——已燃混合气的温度;

　　　　T_u——未燃混合气的温度;

　　　　$(\mathrm{d}T/\mathrm{d}R)_{\max}$——最大温度斜率。

诚然,火焰厚度越薄,曲率对火焰前沿的影响越小,火焰不稳定性的抑制作用越弱,流体动力学不稳定性越强。当火焰只受流体动力学不稳定性的影响时,在火焰表面表现为火焰前锋面上产生裂纹,之后出现大小均匀、形状规则的胞格,流体动力学不稳定性发生在火焰半径较大且其他因素不能抵消其作用时[77]。流体动力学不稳定性表现如图 5-2 所示。

图 5-2　流体动力学不稳定性的表现

(2) 热-质扩散不稳定性

可燃气体爆炸火焰在传播过程中,火焰锋面同时存在着传热和传质过程[85]。火焰对反应物的热传导和反应物对火焰的质量扩散之间的不平衡导致热-质扩散不稳定性的发生。传热过程是指热量从可燃气反应区向未燃气的传播过程,这一过程会造成火焰锋面温度降低,使火焰趋于稳定;传质过程是指可燃基质从未燃气往可燃气反应区的传播过程,这一过程会促进可燃气的反应,使火焰加强,扰动增加,最终使火焰趋于不稳定。路易斯数 Le 是衡量热-质扩散不稳定性的一个重要参数,它被定义为混合热扩散率(D_T)与极限反应物相对大量惰性物质的质量扩散率(D_{im})之比[86]。

$$Le = \frac{D_T}{D_{im}} \tag{5-3}$$

其中,D_T 和 D_{im} 可用式(5-4)和式(5-5)计算:

$$D_T = \frac{\lambda}{\rho_u c_p} \tag{5-4}$$

$$D_{im} = \left(\sum_{\substack{j=1 \\ j \neq i}}^{n} V_j / D_{ij} \right)^{-1} \tag{5-5}$$

式中　　λ——混合物的导热系数;

　　　　ρ_u——混合物的密度;

c_p——未燃气的定压比热；

V_j——物种 j 的体积分数；

D_{ij}——极限反应物相对物种 j 的二元质量扩散率。

热-质扩散不稳定性机制示意图如图 5-3 所示。当 $Le < 1$ 时，如图 5-3 左图所示，质扩散能力要大于热扩散能力，对处于负拉伸区域（波谷）的火焰来说，低温未燃气会受到火焰面的热作用，但是由于此时的质扩散能力大于热扩散能力，未燃气温度会降低，化学反应变慢，波谷火焰的传播速度减小，导致波谷火焰负拉伸进一步增强，火焰趋于不稳定；而对处于正拉伸区域（波峰）的火焰来说，由于质扩散能力大于热扩散能力，则由质扩散所带来的化学能要大于热扩散所带走的能量，这会导致波峰火焰温度增加，波峰火焰化学反应强度增强，火焰传播速度增加，从而导致波峰区域的火焰正拉伸进一步增强，火焰趋于不稳定。同理，当 $Le > 1$ 时，如图 5-3 右图所示，热扩散能力要大于质扩散能力，对处于负拉伸区域（波谷）的火焰来说，低温未燃气会受到火焰面的热作用，由于此时的热扩散能力大于质扩散能力，未燃气温度会升高，化学反应加快，波谷火焰的传播速度增加，导致波谷火焰负拉伸减弱，火焰趋于稳定；而对处于正拉伸区域（波峰）的火焰来说，由于热扩散能力大于质扩散能力，则由质扩散所带来的化学能要小于热扩散所带走的能量，这会导致波峰火焰温度降低，波峰火焰化学反应强度减弱，火焰传播速度减小，从而导致波峰区域的火焰正拉伸减弱，火焰趋于稳定。

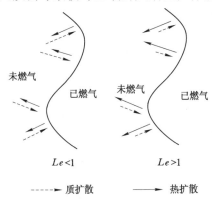

图 5-3　热-质扩散不稳定性机制示意图[83]

热-质扩散不稳定性一般在球型火焰半径较小时就会显现，表现为火焰表面布满大小不一的胞格[77]。由于本书研究所用的可燃气体为甲烷，而甲烷是一种低活性气体，因此在火焰半径较小时没有观察到热-质扩散不稳定性造成的球型火焰不稳定现象。

（3）浮力不稳定性

　　浮力不稳定性是指预混气体燃烧火焰在浮力的作用下所产生的火焰上浮的现象。这一现象通常会出现在燃烧极限附近或者火焰传播速度足够小时,这是由于当火焰传播速度足够小时,火焰受浮力的影响时间就会增加,在浮力的影响下火焰向上的传播速度会大于其他方向的传播速度,从而造成火焰出现上浮现象。其实爆炸火焰在传播过程中会一直受到浮力不稳定性的影响,但是由于火焰传播比较快受浮力的影响不能及时显现,仅从火焰图像上难以分辨。可以从图 5-4 中发现这一现象,当不加入二氧化碳时,9.5%甲烷/空气预混火焰的传播速度较快,火焰上浮现象不明显;而当加入了体积分数为 18% 的二氧化碳后,由上文可知,火焰传播速度明显降低,在浮力不稳定性作用下预混火焰出现了明显的上浮现象,随着火焰的继续传播,形成了"蘑菇"状火焰。

图 5-4　浮力不稳定性的表现

　　由上文的分析可知,造成火焰不稳定的机制主要有流体动力学不稳定性、热-质扩散不稳定性和浮力不稳定性。由前人的研究可知,在火焰传播的过程中不稳定机制所起的主要作用不尽相同,在火焰传播的初始阶段火焰半径较小,热-质扩散不稳定性起主要作用;随着火焰半径的增大,火焰的厚度相比它的半径变得较小,流体动力学不稳定性逐渐在火焰的形态和加速方面起主要作用[85-87]。

　　由上文的分析可知,流体动力学不稳定性贯穿于火焰传播的整个过程,主要在火焰半径较大时显现,热-质扩散不稳定性在火焰半径较小时起主要作用,但是火焰的不稳定状态往往不是受单一不稳定性机制的影响,而是受到多种不稳定性机制的共同作用。因此,就需要一个参数来表征火焰受到的综合不稳定性影响。根据前人的研究可知,马克斯坦长度是表征火焰面受到综合不稳定性作用的一个重要参数,马克斯坦长度可以用来表示球型火焰对拉伸的敏感性。下面介绍马克斯坦长度的计算方法。

　　定容燃烧弹内的可燃气体被点燃后以球型火焰向外传播,拉伸火焰传播速度 v_n 被定义为球型火焰相对定容燃烧弹壁面的运动速度,拉伸火焰传播速度等于球型火焰半径对时间的导数[29]:

$$v_n = \frac{dr_u}{dt} \tag{5-6}$$

式中　r_u——球型火焰半径；

　　　t——时间。

球型火焰的表面是一个曲面，会受到拉伸作用的影响，因此需要引入火焰拉伸率的概念。火焰表面上任意一点的火焰拉伸率 α 可以定义为：火焰上一个无限小面积 A 的对数对时间的导数[29]，即

$$\alpha = \frac{\mathrm{d}\ln A}{\mathrm{d}t} = \frac{1}{A}\frac{\mathrm{d}A}{\mathrm{d}t} = \frac{2}{r_u}\frac{\mathrm{d}r_u}{\mathrm{d}t} = \frac{2}{r_u}v_n \tag{5-7}$$

在火焰传播初期，即压力变化很小的一段时间内，拉伸火焰传播速度 v_n 和火焰拉伸率 α 近似呈线性关系，即

$$v_l - v_n = L_b\alpha \tag{5-8}$$

式中　v_l——无拉伸火焰传播速度；

　　　L_b——马克斯坦长度。

通过式(5-6)和式(5-7)可以分别求出拉伸火焰传播速度 v_n 和火焰拉伸率 α，再由式(5-8)可以得到拉伸火焰传播速度 v_n 和火焰拉伸率 α 的一个线性关系 v_n-α。当火焰拉伸率 α 等于零时，无拉伸火焰传播速度 v_l 就等于拉伸火焰传播速度 v_n，马克斯坦长度 L_b 即式(5-8)斜率的相反数。当 $L_b > 0$ 时，火焰传播速度随着火焰拉伸率的增加而减小，凸起火焰将会得到抑制，火焰不稳定性得到抑制；当 $L_b < 0$ 时，火焰传播速度随着火焰拉伸率的增加而增大，凸起火焰将会得到进一步促进，火焰不稳定性得到增强。

5.2　气液两相介质作用下瓦斯爆炸球型火焰不稳定性分析

为了对比说明气液两相介质对瓦斯爆炸球型火焰不稳定性的影响，本节从不稳定性火焰图像和不稳定性参数两个方面进行定性和定量分析，分别探讨单一抑制剂和气液两相抑爆剂下瓦斯爆炸初期球型火焰不稳定性的变化规律。

5.2.1　不稳定性球型火焰图像分析

由以上分析可知，球型火焰胞状结构是火焰在发展过程中受到不稳定性影响形成的一种现象，从另一角度说就是火焰胞状结构发展得越充分其所受的不稳定性影响越大。因此，可以从胞状结构这一方面来分析球型火焰受到不稳定性影响的大小，并且从火焰图像上可以更加直观地分析不稳定性的影响。

图 5-5 所示为不同体积分数二氧化碳对球型火焰胞状结构及其出现时间的影响图像。每张纹影图片代表在该工况下发展最为充分的胞状结构以及该胞状结构出现的时间。首先从图中可以看出，二氧化碳对火焰胞状结构及其出现时

间具有重要影响,当二氧化碳体积分数小于 6％时,随着二氧化碳体积分数的增加,火焰胞格数目逐渐减少,但是减小得并不明显;当二氧化碳体积分数大于10％时,火焰胞格数目明显减少。比如当加入 10％的二氧化碳后只在火焰下部有胞状结构,而当加入 14％的二氧化碳后火焰胞状结构基本消失,当加入 18％的二氧化碳后火焰胞状结构完全消失,这表明二氧化碳对火焰胞状结构的形成具有重要影响,二氧化碳可以明显抑制球型火焰不稳定性,并且随着二氧化碳体积分数的增加抑制作用增强。此外还可以发现,二氧化碳对火焰胞格大小影响不大,随着二氧化碳体积分数的增加,胞格大小基本不发生变化,而火焰出现明显的上浮现象,这表明二氧化碳主要通过减少胞格数目来抑制火焰不稳定性的影响,随着二氧化碳体积分数的增加浮力不稳定性造成的火焰上浮现象开始显现。最后可以看出,二氧化碳对发展最充分的胞状结构出现时间也有重要影响。比如当不加二氧化碳时,最充分胞状结构出现时间为 86 ms,当加入 2％和 6％的二氧化碳后,最充分胞状结构出现时间分别为 110 ms 和 173.5 ms,分别增加了 27.9％和 101.7％,最充分胞状结构出现时间大幅增加,这表明二氧化碳能显著降低胞内不稳定性对球型火焰的影响,从而使球型火焰趋于稳定,避免因爆炸火焰自身失稳而出现的自加速。

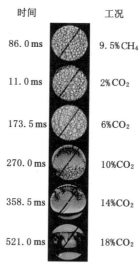

时间	工况
86.0 ms	9.5% CH_4
11.0 ms	2% CO_2
173.5 ms	6% CO_2
270.0 ms	10% CO_2
358.5 ms	14% CO_2
521.0 ms	18% CO_2

图 5-5　CO_2 对球型火焰胞状结构及其出现时间影响的纹影图像

图 5-6 所示为超细水雾对球型火焰胞状结构及其出现时间的影响图像。由图 5-6 可以看出,加入超细水雾后胞状火焰亮度明显增加,其原因已在上文中详细解释,在此就不再重复叙述。此外,超细水雾对火焰胞状结构具有重要影响,

当加入 58.3 g/m³ 的超细水雾时,相比不加超细水雾的球型火焰胞格有所减小;随着超细水雾质量浓度的增加,在可视化范围内最充分火焰胞状结构的胞格明显变大,胞格数目有所减少。这表明超细水雾对球型火焰胞状结构的形成具有重要影响,可以明显抑制瓦斯爆炸初期球型火焰的不稳定性影响,并且随着超细水雾质量浓度的增加抑制作用增强,但是当超细水雾质量浓度较小(58.3 g/m³)时,会增加球型火焰不稳定性的影响。与二氧化碳主要通过减少胞格数目来抑制火焰不稳定性的影响不同的是,超细水雾主要通过增大胞格来抑制火焰不稳定性的影响,此外,超细水雾也能减少胞格的数目。由图 5-6 还可以发现,超细水雾对最充分火焰胞状结构的出现时间也有重要影响,当超细水雾质量浓度较小(58.3 g/m³)时,相比不加超细水雾其出现时间提前到了 78.5 ms,此后随着超细水雾质量浓度的增加其出现时间逐渐延迟,当加入 350 g/m³ 的超细水雾后,其出现时间延迟到 107.5 ms,增加了 25%。这说明超细水雾可以延缓胞状火焰的发展,减弱胞状不稳定性对球型火焰的影响,与上文中分析的爆炸超压和火焰传播速度随超细水雾的变化具有相同的规律,从而表明爆炸超压、火焰传播速度和最充分火焰胞状结构的出现时间这三者之间具有对应关系。

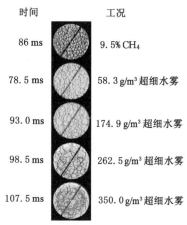

图 5-6　超细水雾对球型火焰胞状结构及其出现时间影响的纹影图像

　　为了对比分析二氧化碳和超细水雾共同作用对瓦斯爆炸初期球型火焰不稳定性的影响,本节选取不同体积分数的二氧化碳和质量浓度为 174.9 g/m³ 的超细水雾共同作用这一工况进行分析。图 5-7 所示为不同体积分数的二氧化碳和质量浓度为 174.9 g/m³ 的超细水雾共同作用对球型火焰胞状结构及其出现时间的影响图像。由图 5-7 可以看出,在超细水雾和二氧化碳的共同作用下最充分火焰胞状结构与两者单独作用相比具有明显区别。一方面从胞格的数目来说,当两者共同作用时最充分火焰的胞格数目要明显少于两者单独作用时的情况,比如从 174.9 g/m³ 超细水雾与 6％ 二氧化碳共同作用这一工况可以看出,共同作用时的胞格数目要少于 174.9 g/m³ 超细水雾单独作用时的胞格数目;另一方面从胞格的大小来说,两者共同作用时最充分火焰的胞格要明显大于两者单独作用时的情况,比如从 174.9 g/m³ 超细水雾与 10％ 二氧化碳共同作用这一工况可以看出,共同作用时的胞格要大于 10％ 二氧化碳单独作用时的胞格。

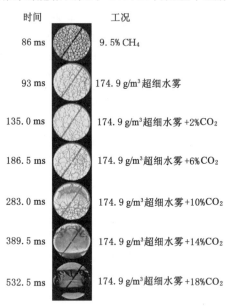

时间 　　　　　工况

86 ms 　　　 9.5% CH₄

93 ms 　　　 174.9 g/m³ 超细水雾

135.0 ms 　　174.9 g/m³ 超细水雾 +2%CO₂

186.5 ms 　　174.9 g/m³ 超细水雾 +6%CO₂

283.0 ms 　　174.9 g/m³ 超细水雾 +10%CO₂

389.5 ms 　　174.9 g/m³ 超细水雾 +14%CO₂

532.5 ms 　　174.9 g/m³ 超细水雾 +18%CO₂

图 5-7　不同体积分数的 CO_2 和 174.9 g/m³ 的超细水雾共同
作用对球型火焰胞状结构及其出现时间影响的纹影图像

此外,从最充分火焰胞状结构出现时间可以看出,火焰胞状结构在共同作用下的出现时间长于单一作用下的出现时间。比如当加入 174.9 g/m³ 超细水雾时,火焰胞状结构出现时间为 93 ms,当加入 10％ 二氧化碳时其出现时间为 270 ms,而当两者共同作用时其出现时间延长到了 283 ms。上述结果表明,二氧化碳主要通过减少胞格数目来抑制火焰不稳定性,而超细水雾主要通过增大胞格来抑制火焰不稳定性,二氧化碳和超细水雾产生了协同作用,其共同作用时的抑制能力强于单独作用时的抑制能力。这一结果也印证了上文的分析。

5.2.2　二氧化碳-超细水雾对瓦斯爆炸球型火焰不稳定性参数影响

5.2.2.1　*Le*

图 5-8 给出了在不同体积分数 CO_2 或/和 H_2O 作用下的甲烷/空气混合物

的 Le。由图 5-8 可以看出，Le 稍微小于 1，这可以归因于热扩散率小于质扩散率的事实。然而，值得注意的是，当 H_2O 或 CO_2 单独作用时，Le 随 H_2O 体积分数的增加而增加，而随 CO_2 体积分数的增加而降低。这是因为在相同的条件下，CO_2 的热扩散系数小于 H_2O 的热扩散率。随着 CO_2 体积分数的增加，混合物的热扩散系数减小；而混合物的热扩散系数随 H_2O 体积分数的增加而增大。因此，CO_2 可以增强热-质扩散不稳定性的强度，而 H_2O 则可以降低热-质扩散不稳定性的强度。此外，当 CO_2 和 H_2O 共同作用时，Le 随 CO_2 体积分数的增加而单调下降，且下降速率低于 CO_2 单独作用时的情况。

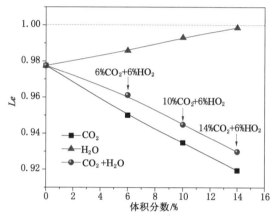

图 5-8　CO_2 或/和 H_2O 对甲烷/空气混合物 Le 的影响
（$T = 298 \pm 3$ K，$p = 0.1$ MPa）

5.2.2.2　膨胀率

在不同体积分数 CO_2 或/和 H_2O 作用下甲烷/空气混合物的膨胀率如图 5-9 所示。由图 5-9 可以看出，当 CO_2 或 H_2O 单独作用时，膨胀率随着 CO_2 或 H_2O 的体积分数的增加而单调减小，CO_2 的抑制能力明显高于 H_2O 的抑制能力。此外，当 CO_2 和 H_2O 一起作用时，膨胀率较单独使用 CO_2 或 H_2O 时明显降低。考虑较大的膨胀率将增强流体动力学不稳定性，随着 CO_2 或/和 H_2O 的体积分数的增加，流体动力学不稳定性受到显著抑制。

5.2.2.3　火焰厚度

图 5-10 给出了不同体积分数 CO_2 或/和 H_2O 作用下甲烷/空气混合物的火焰厚度。结果表明，当 CO_2 或 H_2O 单独作用时，火焰厚度随 CO_2 或 H_2O 体积分数的增加而显著增大，这与膨胀率的变化趋势不同。此外，与 CO_2 和 H_2O 对膨胀率的影响相似，CO_2 对火焰厚度的影响大于 H_2O。当 CO_2 和 H_2O 共同作用时，火焰厚度比 CO_2 或 H_2O 单独作用时明显增加。

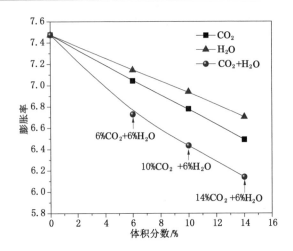

图 5-9　CO_2 或/和 H_2O 对甲烷/空气混合物膨胀率的影响
（$T=298\pm3$ K，$p=0.1$ MPa）

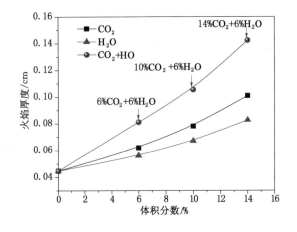

图 5-10　CO_2 或/和 H_2O 对甲烷/空气混合物
火焰厚度的影响（$T=298\pm3$ K，$p=0.1$ MPa）

　　在此基础上得出的结果表明，Le 略小于 1，说明热-质扩散不稳定性导致了球型火焰的失稳。可见，CO_2 和 H_2O 对 Le 有不同的影响。随着 CO_2 或/和 H_2O 体积分数的增加，膨胀率单调减小，火焰厚度增大。这说明流体动力学不稳定性在胞状火焰的发展中起着重要作用，流体动力学不稳定性引起的胞状火焰受到 CO_2 或/和 H_2O 的抑制。同时，这也是为什么 CO_2 或/和 H_2O 可以减少胞状结构的数量，且增大胞状结构的原因。

5.2.2.4　马克斯坦长度

　　测量马克斯坦长度需要在定容燃烧弹内压力和温度变化不大的情况下才能获得较为准确的结果,这个时候已燃气的马克斯坦长度不受压力和温度变化的影响,可以认为是一个准定压绝热过程,测得的马克斯坦长度较为准确。由上文的分析可知,当球型火焰半径小于 25 mm 时定容燃烧弹内的压力基本不发生变化,因此本书选取半径小于 25 mm 的火焰图像计算马克斯坦长度。此外,Z. H. Huang等[38]和 D. Bradley 等[88]也指出球型火焰在发展过程中也会受到点火能量的影响,但是当火焰半径大于 6 mm 时点火能量的影响基本消失。结合书中上述分析,当火焰半径大于 7 mm 时基本不受点火能量的影响,因此本书最终选取半径在 7～25 mm 范围内的火焰图像计算马克斯坦长度。

　　图 5-11 给出了不同体积分数二氧化碳作用下拉伸火焰传播速度与拉伸率的关系图像。由图 5-11(a)可以看出,9.5％甲烷/空气预混火焰的拉伸火焰传播速度与拉伸率呈近似线性关系,并且拉伸火焰传播速度随着拉伸率的增大而减小。此外,可以发现在加入二氧化碳后拉伸火焰传播速度减小,并且二氧化碳体积分数越大拉伸火焰传播速度越小,这表明加入二氧化碳后球型火焰发展变得缓慢。还可以看出,随着二氧化碳体积分数的增加,火焰拉伸率逐渐减小,其所对应的拉伸率范围逐渐变窄。

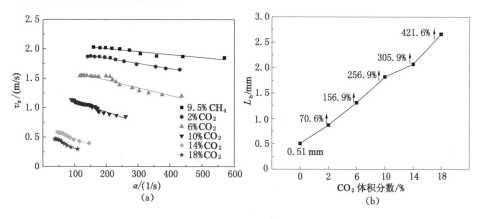

图 5-11　不同体积分数二氧化碳作用下拉伸火焰传播速度与拉伸率的关系及马克斯坦长度

　　图 5-11(b)所示为不同体积分数二氧化碳对马克斯坦长度的影响图像。由图 5-11(b)可以看出,随着二氧化碳体积分数的增加,马克斯坦长度显著变大。由前人研究可知,马克斯坦长度越大,火焰前锋面稳定性越好[88-89]。这表明二氧化碳能够提高火焰前锋面的稳定性,这与上文通过火焰纹影图像分析不稳定性的结果一致。

图 5-12 所示为不同质量浓度超细水雾作用下拉伸火焰传播速度与拉伸率的关系图像。由图 5-12(a)可以看出,在超细水雾作用下拉伸火焰传播速度与拉伸率仍呈近似线性关系,随着拉伸率的增加拉伸火焰传播速度逐渐减小。另外,超细水雾质量浓度对拉伸火焰传播速度具有明显影响,加入 58.3 g/m³ 的超细水雾后,拉伸火焰传播速度相比不加超细水雾时有所增加,随着超细水雾质量浓度的增加拉伸火焰传播速度逐渐减小;超细水雾质量浓度对火焰拉伸率也有重要影响,当加入 58.3 g/m³ 的超细水雾时,火焰拉伸率有所增加,其所对应的拉伸率变化范围也有所扩大,随着超细水雾质量浓度的增加,火焰拉伸率逐渐减小,并且其所对应的拉伸率变化范围逐渐变窄。还可以发现,超细水雾质量浓度对直线的斜率也有影响,而其斜率的相反数即马克斯坦长度。

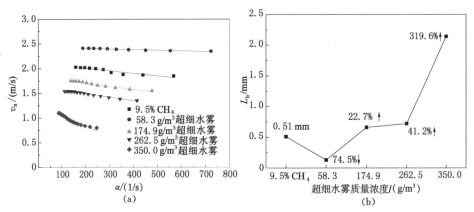

图 5-12　不同质量浓度超细水雾作用下拉伸火焰传播速度与拉伸率的关系及马克斯坦长度

图 5-12(b)所示为超细水雾质量浓度对马克斯坦长度的影响图像。由图 5-12(b)可以看出,随着超细水雾质量浓度的增加,马克斯坦长度先减小后增加,并且当加入 350 g/m³ 的超细水雾时增加幅度最大。这表明超细水雾质量浓度是影响火焰不稳定性的一个重要因素,当加入少量超细水雾(58.3 g/m³)时,火焰不稳定性会增强,只有当超细水雾质量浓度足够大时才会抑制火焰不稳定性,并且当加入的超细水雾质量浓度达到 350 g/m³ 时抑制作用最强。

为了分析超细水雾和二氧化碳共同作用对马克斯坦长度的影响,选取 174.9 g/m³ 的超细水雾和不同体积分数二氧化碳共同作用这类工况进行分析。图 5-13 所示为不同体积分数二氧化碳和 174.9 g/m³ 超细水雾共同作用下拉伸火焰传播速度与拉伸率的关系图像。由图 5-13(a)可以看出,当超细水雾和二氧化碳共同作用时拉伸火焰传播速度与拉伸率关系的变化趋势与其单独作用时类似,拉伸火焰传播速度与拉伸率呈线性关系;但是与单独作用也有不同之处,当两者共同作用时火焰拉伸率要明显小于单独作用时的情况,而且拉伸率对应的变化范围也有所变窄,直线斜率有所变大。

图 5-13(b)所示为超细水雾和二氧化碳共同作用对马克斯坦长度的影响图像。由图 5-13(b)可以看出,当超细水雾和二氧化碳共同作用时马克斯坦长度明显增加,并且共同作用增加的幅度要大于单一作用。比如当只加入 174.9 g/m³ 超细水雾时马克斯坦长度增加了 22.7%,当只加入 18% 二氧化碳时马克斯坦长度增加了 421.6%,而当两者共同作用时马克斯坦长度增加了 621.6%。这表明超细水雾和二氧化碳对火焰不稳定性的抑制作用要优于两者单独作用,从马克斯坦长度这方面反映了超细水雾和二氧化碳具有协同作用。

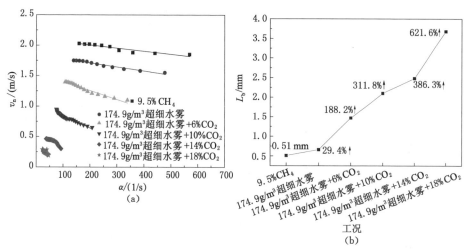

图 5-13　不同体积分数二氧化碳和 174.9 g/m³ 超细水雾共同
作用下拉伸火焰传播速度与拉伸率的关系及马克斯坦长度

5.2.3　氮气-超细水雾对瓦斯爆炸球型火焰不稳定性影响

5.2.3.1　Le

图 5-14 给出了不同体积分数 N_2 或/和 H_2O 作用下的甲烷/空气混合物的 Le。由图 5-14 可以看出,Le 稍微大于 1,这说明此时热扩散率大于质扩散率,从而导致火焰温度降低,火焰传播速度减小,火焰趋于稳定。随着 N_2 体积分数的增加,混合物的热扩散系数减小,而混合物的热扩散系数随 H_2O 体积分数的增加而增大;当 N_2 和 H_2O 共同作用时,Le 随 N_2 体积分数的增加逐渐下降,且下降速率低于 N_2 单独作用时的情况。这与二氧化碳-超细水雾对热扩散率的影响趋势相同。

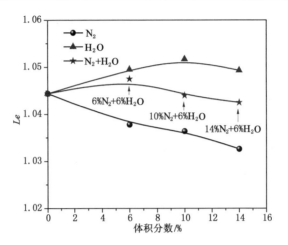

图 5-14　N_2 或/和 H_2O 对甲烷/空气混合物
Le 的影响($T=298\pm3$ K,$p=0.1$ MPa)

5.2.3.2　膨胀率

不同体积分数 N_2 或/和 H_2O 作用下甲烷/空气混合物的膨胀率如图 5-15 所示。由图 5-15 可以看出,当 N_2 或 H_2O 单独作用时,膨胀率随着 N_2 或 H_2O 的体积分数的增加而单调减小,H_2O 的抑制能力明显高于 N_2 的抑制能力。对比图 5-9 可以得出,CO_2 和 H_2O 共同使用时对膨胀率的抑制要高于 N_2 和 H_2O 共同作用。

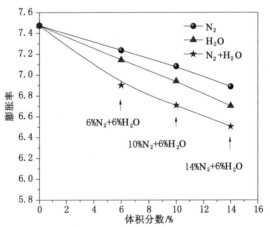

图 5-15　N_2 或/和 H_2O 对甲烷/空气混合物
膨胀率的影响($T=298\pm3$ K,$p=0.1$ MPa)

此外,当 N_2 和 H_2O 共同作用时,膨胀率比单独使用 N_2 或 H_2O 时明显降低。考虑较大的膨胀率将增强流体动力学不稳定性,随着 N_2 或/和 H_2O 的体积分数的增加,流体动力学不稳定性也将受到显著抑制。

5.2.3.3 火焰厚度

图 5-16 给出了不同体积分数 N_2 或/和 H_2O 作用下甲烷/空气混合物的火焰厚度。结果表明,当 N_2 或 H_2O 单独作用时,火焰厚度随 N_2 或 H_2O 体积分数的增加而显著增大。当 N_2 和 H_2O 共同作用时,火焰厚度比 N_2 或 H_2O 单独作用时明显增加,且对比图 5-10 可知,N_2 和 H_2O 共同作用时火焰厚度要小于 CO_2 和 H_2O 共同作用的情况。

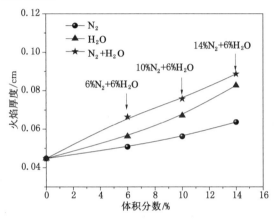

图 5-16 N_2 或/和 H_2O 对甲烷/空气混合物火焰
厚度的影响($T=298\pm3$ K,$p=0.1$ MPa)

在此基础上得出的结果表明,随着 CO_2 或/和 H_2O、N_2 或/和 H_2O 体积分数的增加,膨胀率减小,火焰厚度增大,流体动力学不稳定性受到抑制;而由于 CO_2 或/和 H_2O 对火焰的降温作用更大,膨胀率下降幅度更大,火焰厚度也更大。

5.2.3.4 马克斯坦长度

图 5-17 给出了不同体积分数氮气作用下火焰传播速度和拉伸率的关系。由图 5-17 可以看出,火焰传播速度与拉伸率基本呈线性关系,并且火焰传播速度随着拉伸率的增大而减小,图中拟合求出关于火焰传播速度和拉伸率的线性方程,其斜率的相反数为马克斯坦长度。马克斯坦长度小于零时,火焰趋于失稳;马克斯坦长度大于零时,则火焰趋于稳定。从图中可以看出,在氮气作用下,随着氮气浓度的增加,出现了火焰传播速度降低、火焰拉伸率逐渐减小、所对应的拉伸率范围逐渐变窄、马克斯坦长度均为正值且不断增加的趋势。9.5% 甲烷/空气爆炸火焰的马克斯坦长度为0.55 mm,24% 氮气作用时马克斯坦长度增

加到 1.09 mm,增加了 98%,这表明氮气能够降低火焰面的不稳定性。

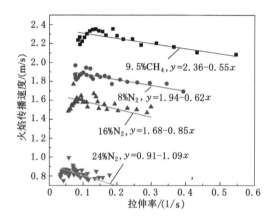

图 5-17　N_2 作用下火焰传播速度和拉伸率的关系

5.2.3.5　氮气-超细水雾对瓦斯爆炸初期火焰不稳定性的影响

图 5-18 给出了不同浓度氮气-超细水雾作用下火焰传播速度和拉伸率的关系,选取 280 g/m³ 超细水雾与氮气共同作用进行研究。与单独加入 280 g/m³ 超细水雾相比,再加入 8%、16%、24% 氮气后,马克斯坦长度分别增加到 1.96 mm、4.10 mm 和 11.40 mm,增幅达 256%、645% 和 1973%。这表明氮气和超细水雾共同作用能更好地抑制瓦斯爆炸初期火焰的不稳定性。这与上文通过火焰纹影图像分析的结果一致。

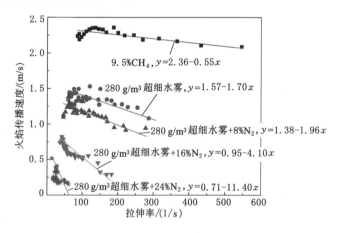

图 5-18　N_2-超细水雾作用下火焰传播速度和拉伸率的关系

5.3　本章小结

本章进行了二氧化碳-超细水雾、氮气-超细水雾两种气液两相抑爆剂对9.5％甲烷/空气球型火焰不稳定性参数影响分析,得到了以下主要结论:

(1) CO_2 或/和 H_2O 可以减弱爆炸压力与火焰不稳定性之间的相互作用,从而在一定程度上抑制火焰不稳定性强度。质量浓度为 58.3 g/m^3 的超细水雾会增强火焰不稳定性;二氧化碳主要通过减少胞格数目来抑制火焰不稳定性,而超细水雾主要通过增大胞格来抑制火焰不稳定性,两者产生了协同作用。因此,CO_2 或/和 H_2O 能显著抑制胞状不稳定性,两者协同具有增强抑爆效果。

(2) 二氧化碳和超细水雾是影响马克斯坦长度的重要影响因素,两者均能够增大马克斯坦长度,但是质量浓度为 58.3 g/m^3 的超细水雾会造成马克斯坦长度减小。

(3) CO_2 或/和 H_2O 对热-质扩散不稳定性有不同的影响。CO_2 增强了热-质扩散不稳定性的强度,而 H_2O 降低了热-质扩散不稳定性的强度。然而,随着 CO_2 或/和 H_2O 体积分数的增加,由于火焰厚度的增加和膨胀率的降低,流体动力学不稳定性的强度被显著抑制。

(4) 氮气和超细水雾共同作用时,在同一质量浓度超细水雾下,火焰传播速度随氮气浓度的增加单调递减,而马克斯坦长度则单调递增,且增长幅度远大于单一抑制剂作用时的情况。

(5) 由于 CO_2 或/和 H_2O 对火焰的降温作用更大,火焰厚度的增加幅度和膨胀率的降低幅度要比 N_2 或/和 H_2O 更明显,故二氧化碳-超细水雾对瓦斯爆炸火焰传播的抑制作用要优于氮气-超细水雾。

6 气液两相介质抑制瓦斯爆炸化学反应动力学过程模拟

　　研究表明,H、O、OH 等活泼自由基在甲烷/空气预混气爆炸过程中发挥着重要作用[90]。本章基于 Chemkin-Pro 模拟软件,使用层流燃烧计算模块对 CO_2 或/和 H_2O、N_2 或/和 H_2O 作用下甲烷/空气预混气爆炸反应过程进行模拟研究,研究惰性气体种类对气液两相介质抑制甲烷/空气爆炸反应机理的影响。GRI-Mech 3.0 反应动力学机理包括 53 种组分和 325 步基元反应,经前人研究,该反应动力学机理表现比其他反应机理更好[90]。其中一些基元反应对总体进程或某些参数指标的影响微乎其微,逐一分析这些反应没有太大意义且工作量烦琐,因此本书筛选出主要的基元反应对其进行分析。本模拟采用了多组分传输模型,并将自适应网格参数 GRAD 和 CURV 设置为 0.1 以减小误差。

　　由于 Chemkin-Pro 模拟软件无法对液态水模拟计算,而实验中使用的超细水雾平均粒径为 6 μm,易蒸发为水蒸气,因此将超细水雾设定为气态水,各组分体积分数由 φ 表示:

$$\varphi_{H_2O(N_2)} = \frac{X_{H_2O(N_2)}}{X_{H_2O(N_2)} + X_{CH_4} + X_{air}} \tag{6-1}$$

式中,X 为各组分的体积。设定超细水雾体积分数为 6%、10%、14%。模拟工况如表 6-1 所示。

表 6-1　模拟工况

CO_2体积分数	H_2O质量浓度	CO_2-超细水雾	N_2体积分数	N_2-超细水雾
0	0		0	
6%	6%	6%CO_2+6%H_2O	8%	8%N_2+6%H_2O
10%	10%	10%CO_2+6%H_2O	16%	16%N_2+6%H_2O
14%	14%	14%CO_2+6%H_2O	24%	24%N_2+6%H_2O

　　模拟采用多组分输运模型。在这些计算中,网格点的数目取 500 个。还应该指出,在本研究中考虑了 Soret 效应。

对甲烷/空气混合物中的关键自由基 H、O、OH 进行了深入的研究,因为它们在燃烧过程中起着重要的作用。D. Bradley 等用 PLIF 方法研究了火焰胞状结构的 OH 基团浓度分布,发现在最小的火焰胞状结构中分布着最高浓度的 OH。这意味着关键的自由基浓度与胞状火焰形成密切相关。此外,基本反应的产生速率与温度呈指数关系,说明胞状不稳定性也与温度密切相关。为了深入了解其抑制机理,本章还对关键自由基和绝热火焰温度进行了分析。

6.1 CO₂或/和 H₂O 对瓦斯爆炸反应动力学过程影响

6.1.1 反应自由基分析

图 6-1 给出了 CO_2 或 H_2O 体积分数为 10% 时 H、O、OH 自由基的产生速率。对 H 自由基来说,最重要的基本反应是 R84(见表 6-2):$OH + H_2 \Longrightarrow H +$

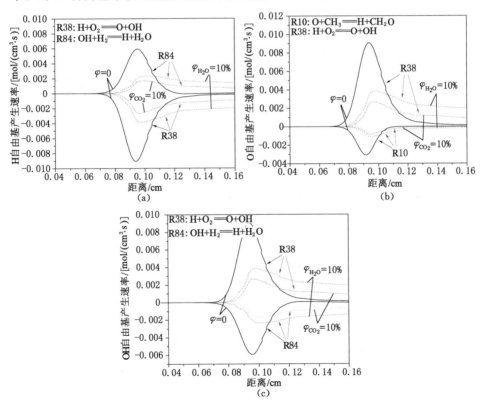

图 6-1 CO_2 或 H_2O 体积分数为 10% 时对 H、O、OH 自由基产生速率的影响

H_2O 和 R38：$H+O_2 \Longrightarrow O+OH$。R84 对 H 产生的贡献最大，R38 是 H 自由基的主要消耗反应。对 OH 自由基来说，最重要的基本反应仍然是 R38 和 R84。然而，R38 对 OH 产生的贡献最大，而 R84 是 OH 自由基的主要消耗反应。对 O 自由基来说，R38 对 O 产生的贡献最大。对于 O 自由基的消耗而言，R10：$O+CH_3 \Longrightarrow H+CH_2O$，取代 R84 成为主要反应。此外，当添加 CO_2 或 H_2O 时，H、O、OH 自由基的最重要的基本反应基本相同，但是自由基产生速率的峰值明显降低，添加 CO_2 时的降低效果高于 H_2O。

表 6-2　自由基主要反应步骤和基本反应[90]

反应步骤	基本反应	反应步骤	基本反应
R3	$O+H \Longrightarrow OH$	R7	$O+CH_2 \Longrightarrow H+HCO$
R10	$O+CH_3 \Longrightarrow H+CH_2O$	R11	$O+CH_4 \Longrightarrow OH+CH_3$
R15	$O+CH_2O \Longrightarrow OH+HCO$	R38	$H+O_2 \Longrightarrow O+OH$
R46	$H+H_2O \Longrightarrow 2OH$	R53	$H+CH_4 \Longrightarrow CH_3+H_2$
R58	$H+CH_2O \Longrightarrow HCO+H_2$	R84	$OH+H_2 \Longrightarrow H+H_2O$
R86	$2OH \Longrightarrow O+H_2O$	R97	$OH+CH_3 \Longrightarrow CH_2+H_2O$
R98	$OH+CH_4 \Longrightarrow CH_3+H_2O$	R99	$OH+CO \Longrightarrow H+CO_2$
R101	$OH+CH_2O \Longrightarrow HCO+H_2O$	R125	$CH+O_2 \Longrightarrow O+HCO$
R166	$HCO+H_2O \Longrightarrow H+CO+H_2O$	R167	$HCO+M \Longrightarrow H+CO+M$
R284	$O+CH_3 \Longrightarrow H+H_2+CO$	R291	$CH_2+O_2 \Longrightarrow O+CH_2O$

图 6-2 给出了不同体积分数 CO_2 或/和 H_2O 作用下 H、O、OH 的摩尔分数和（H+O+OH）的最大摩尔分数。对于 H 的摩尔分数而言，随着 CO_2 或 H_2O 体积分数的增加，H 的摩尔分数明显减小；在相同体积分数下，CO_2 对 H 摩尔分数的降低效果优于 H_2O。这可归因于 CO_2 对 H 自由基产生速率的降低效果高于 H_2O。此外，H 摩尔分数的峰值明显向右移动，表明 CO_2 或 H_2O 可以阻止 H 自由基的产生。其原因是 R84 的自由基产生速率显著降低，而 R84 是产生 H 自由基的主要反应。

通过图 6-2(b) 和图 6-2(a) 的比较可以看出，O 摩尔分数与 H 摩尔分数的变化规律相似，但不同的是 CO_2 对 O 摩尔分数的降低作用与 H_2O 的基本相同。结果表明，虽然 CO_2 和 H_2O 对 R10 和 R38 中 O 自由基的产生速率降低有不同的影响，但其降低效果在整体元素反应上是相当的。

通过图 6-2(c) 和图 6-2(a) 的比较可以看出，OH 摩尔分数与 H 摩尔分数的变化规律相似，在这里不作详细描述。另外，（H+O+OH）的最大摩尔分数随

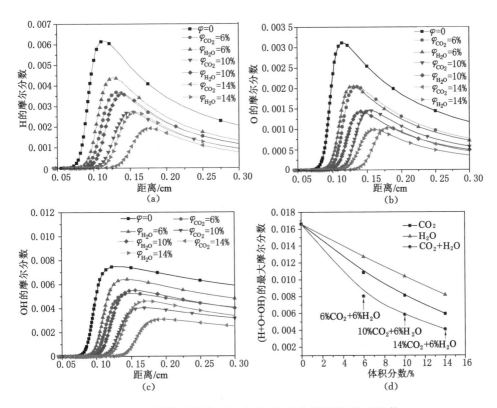

图 6-2　不同体积分数 CO_2 或/和 H_2O 作用下 H、O、OH 的
摩尔分数和(H+O+OH)的最大摩尔分数

CO_2 或/和 H_2O 体积分数的增加呈近似线性下降的趋势。此外，CO_2 和 H_2O 共同作用时(H+O+OH)的最大摩尔分数比其单独作用时降低得更明显。这可能是 CO_2 和 H_2O 协同抑制胞状不稳定性的原因之一。

6.1.2　绝热火焰温度分析

图 6-3 显示在不同体积分数 CO_2 或/和 H_2O 作用下甲烷燃烧的绝热火焰温度。结果表明，绝热火焰温度的变化与膨胀率的变化相似，随 CO_2 或/和 H_2O 体积分数的增加而单调减小。需要指出的是，CO_2 和 H_2O 共同作用时绝热火焰温度比其单独作用时降低得更明显。因此，这可能是 CO_2 和 H_2O 协同作用抑制胞状不稳定性的另一个原因。

图 6-4 揭示了 CO_2 气氛中火焰厚度和膨胀率与(H+O+OH)的最大摩尔分数和绝热火焰温度的关系。由图 6-4 可见，火焰厚度和膨胀率与(H+O+OH)

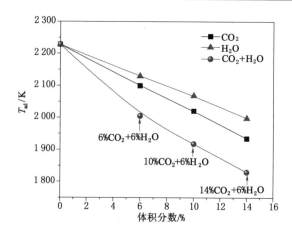

图 6-3　不同体积分数 CO_2 或/和 H_2O 作用下甲烷燃烧的绝热火焰温度

的最大摩尔分数和绝热火焰温度呈良好的线性关系。结果表明,关键自由基(特别是 H、O、OH 自由基)和绝热火焰温度对胞状不稳定性有重要影响。通过控制关键自由基的产生和降低绝热火焰温度,可以抑制胞状不稳定性。

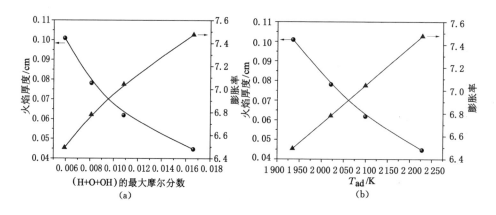

图 6-4　CO_2 气氛中火焰厚度和膨胀率与(H+O+OH)的最大摩尔分数和
绝热火焰温度的关系

6.1.3　温度敏感性分析

为了进一步研究基元反应对绝热火焰温度的贡献大小,对绝热火焰温度进行了灵敏度分析。图 6-5 显示了 CO_2 或/和 H_2O 对绝热火焰温度敏感系数的影响。正敏感系数表示绝热火焰温度随反应速率的增加而升高,负敏感系数表示绝热火焰温度随反应速率的增加而降低。主要反应步骤和基本反应列于表 6-3。可以看出,提高绝热火焰温度的最基本反应是链分支反应 R38,它具有最大的正敏感系数。虽然 H 自由基被消耗,但同时会产生更多的 OH 和 O 自由基。第一抑制反应是链终止反应 R52,其负敏感系数最大。通过 R52,大量的 H 自由基被消耗,从而降低了反应活性。因此,R38 和 R52 在绝热火焰温度中起着重要的作用。

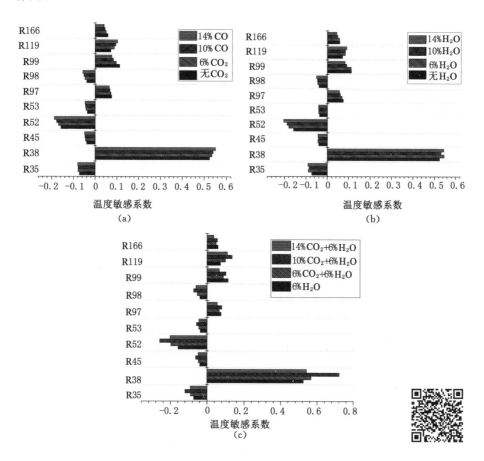

图 6-5　CO_2 或/和 H_2O 对绝热火焰温度敏感系数的影响

由图 6-5 可以看出,随着 CO_2 体积分数的增加,R38 的温度敏感系数不规则变化,而 R52 的温度敏感系数单调增加。而当 CO_2 和 $6\%H_2O$ 共同作用时,R38 和 R52 的温度敏感系数单调增加。由此可以推断,虽然 R38 和 R52 是主要的基本反应,但也应考虑其他反应对绝热火焰温度的总体效应。

表 6-3   温度敏感性主要反应步骤和基本反应[90]

反应步骤	基本反应	反应步骤	基本反应
R35	$H+O_2+H_2O \Longrightarrow HO_2+H_2O$	R97	$OH+CH_3 \Longrightarrow CH_2+H_2O$
R38	$H+O_2 \Longrightarrow O+OH$	R98	$OH+CH_4 \Longrightarrow CH_3+H_2O$
R45	$H+HO_2 \Longrightarrow O_2+H_2$	R99	$OH+CO \Longrightarrow H+CO_2$
R52	$H+CH_3(+M) \Longrightarrow CH_4(+M)$	R119	$HO_2+CH_3 \Longrightarrow OH+CH_3O$
R53	$H+CH_4 \Longrightarrow CH_3+H_2$	R166	$HCO+H_2O \Longrightarrow H+CO+H_2O$

6.2 N_2 或/和 H_2O 对瓦斯爆炸反应动力学过程影响

6.2.1   反应自由基分析

图 6-6 给出了 N_2 或 H_2O 体积分数为 10％时对 H、O、OH 自由基产生速率

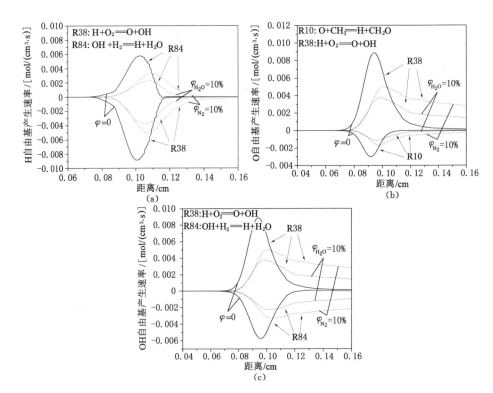

图 6-6 N_2 或 H_2O 体积分数为 10％时对 H、O、OH 自由基产生速率的影响

的影响。由图 6-6(a)可以看出，对于 H 自由基而言，最重要的基本反应是 R84：$OH+H_2 \Longrightarrow H+H_2O$ 和 R38：$H+O_2 \Longrightarrow O+OH$。R84 是 H 自由基生成的主要反应，R38 是 H 自由基消耗的主要反应。而通过对比图 6-6(c)可以看出，OH 自由基与 H 自由基恰好相反，R84 是 OH 自由基消耗的主要反应，R38 是 OH 自由基生成的主要反应。对于 O 自由基而言，R38 是 O 自由基生成的主要反应，$R10：O+CH_3 \Longrightarrow H+CH_2O$ 成为 O 自由基消耗的主要反应。当添加 N_2 或 H_2O 时，H、O、OH 自由基的最重要的基本反应基本相同，但是自由基产生速率的峰值明显降低，N_2 对自由基产生速率降低效果低于 H_2O。

图 6-7 给出了在不同体积分数 N_2 或/和 H_2O 作用下 H、O、OH 的摩尔分数和(H+O+OH)的最大摩尔分数。对于 H 的摩尔分数而言，随着 N_2 或 H_2O 体积分数的增加，H 摩尔分数明显减小，在相同体积分数下，H_2O 对 H 摩尔分数的降低效果优于 N_2。其原因是 R84 的自由基产生速率显著降低，而 R84 是产

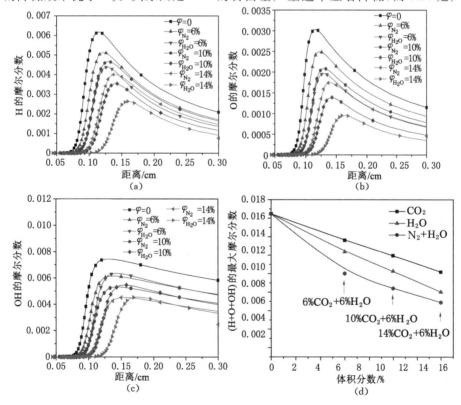

图 6-7　不同体积分数 N_2 或/和 H_2O 作用下 H、O、OH 的摩尔分数
和(H+O+OH)的最大摩尔分数

生 H 自由基的主要反应。

通过图 6-7(b)和图 6-7(a)的比较可以看出,O 摩尔分数与 H 摩尔分数的变化规律相似,但不同的是 H_2O 对 O 摩尔分数的降低作用更显著。由图 6-7(c)可以看出,N_2 和 H_2O 对 R10 和 R38 中 OH 自由基的产生速率降低作用基本相当,但 OH 摩尔分数的峰值明显向右移动。另外,(H+O+OH)的最大摩尔分数随 N_2 或/和 H_2O 体积分数的增加呈近似线性下降的趋势,H_2O 对 H、O、OH 自由基产生速率的降低效果要优于 N_2,这可能是 N_2 和 H_2O 对爆炸的影响机制不同导致的。对于前者,抑爆主要依赖其物理性质,如稀释可燃气体、热扩散作用影响火焰比热以及三体反应中气相摧毁自由基。而对于后者,水蒸气物理抑制和化学阻化的综合作用更强,所以 H_2O 对 H、O 自由基的抑制效果要优于 N_2。然而,N_2 和 H_2O 共同作用时(H+O+OH)的最大摩尔分数比其单独作用时降低得更明显,这表明 N_2 和 H_2O 对抑制火焰胞状不稳定性也表现出协同作用。

对比图 6-2(d)可知,14%CO_2 和 6%H_2O 共同作用时(H+O+OH)的最大摩尔分数为 0.003 8,而 14%N_2 和 6%H_2O 共同作用时(H+O+OH)的最大摩尔分数为 0.006 1,这表明 CO_2 和 H_2O 协同抑爆效果优于 N_2 和 H_2O 共同作用的情况。

6.2.2 绝热火焰温度分析

图 6-8 显示了在不同体积分数 N_2 或/和 H_2O 作用下甲烷燃烧的绝热火焰温度。结果表明,绝热火焰温度的变化随 N_2 或/和 H_2O 体积分数的增加而单调减小,N_2 和 H_2O 共同作用时绝热火焰温度比其单独作用时降低得更明显。需要指出的是,CO_2 和 H_2O 共同作用时绝热火焰温度下降得更低,这表明 CO_2 和 H_2O 协同抑爆效果优于 N_2 和 H_2O 共同作用的情况。

图 6-9 揭示了 N_2 气氛中火焰厚度和膨胀率与(H+O+OH)的最大摩尔分数和绝热火焰温度的关系。由图 6-9 可见,火焰厚度和膨胀率与(H+O+OH)的最大摩尔分数和绝热火焰温度也呈现了良好的线性关系;而相比图 6-4,使用 N_2 时比 CO_2 时火焰温度更高,这说明 CO_2 对控制关键自由基的产生和降低绝热火焰温度效果更显著,从而可以更好地抑制胞状不稳定性。

6.2.3 温度敏感性分析

为了进一步研究 N_2 和 H_2O 对甲烷/空气预混气爆炸特性的影响,对绝热火焰温度进行敏感性分析。在模拟计算的过程中,对不同体积分数 N_2 和 H_2O 所对应的最小有效滞留时间点下的温度敏感性进行计算,取敏感性较高的反应进

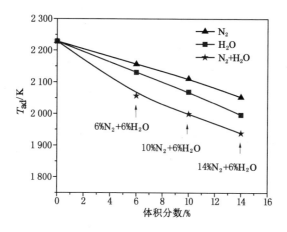

图 6-8　不同体积分数 N_2 或/和 H_2O 作用下
甲烷燃烧的绝热火焰温度

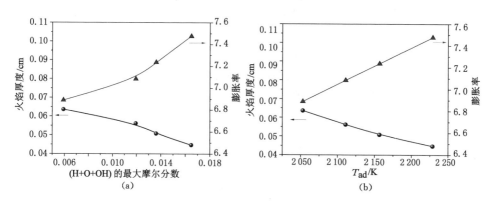

图 6-9　N_2 气氛中火焰厚度和膨胀率与 $(H+O+OH)$ 的最大摩尔分数和
绝热火焰温度的关系

行分析。图 6-10 为甲烷/空气爆炸过程中温度敏感系数分析图。当温度敏感系数为正时,说明该基元反应促进了甲烷/空气爆炸温度的升高,加快了爆炸链式反应进程,提高了火焰温度;反之,当温度敏感系数为负时,说明该基元反应抑制了甲烷/空气爆炸温度的升高,减缓了链式反应进程,降低了火焰的温度。温度敏感系数的绝对值反映了该基元反应对温度的影响。温度敏感系数的绝对值越大,说明该基元反应对温度的影响越大;反之,则该基元反应对温度的影响越小。图 6-10 中列出了 5 个正敏感系数最大和 5 个负敏感系数最大共计 10 个对温度变化影响最为显著的基元反应及其所对应的温度敏感系数。

通过图 6-10 可以看出,R38 的正敏感系数最大。该反应有利于提高绝热火

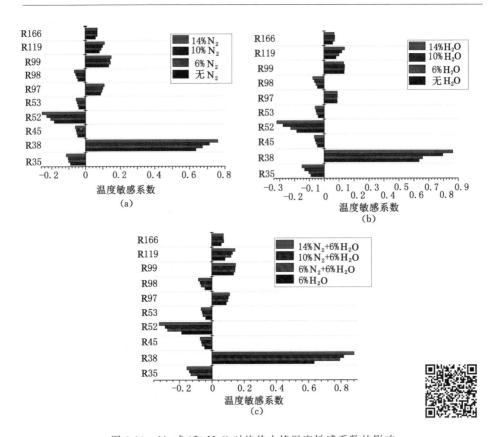

图 6-10　N_2 或/和 H_2O 对绝热火焰温度敏感系数的影响

焰温度,R38 的反应方程式为 $H+O_2 \Longrightarrow O+OH$。该反应为氧化反应,反应时会放出大量的热,可促进反应体系温度升高,其主要消耗 H 自由基,产生 O 自由基和 OH 自由基,这也与上述 R38 对自由基浓度的影响作用相对应。而 R52 的负敏感系数最大,R52 的反应方程式为 $H+CH_3(+M) \Longrightarrow CH_4(+M)$,属于甲烷燃烧的逆向反应,会吸收大量的反应热,从而抑制反应体系的温度升高。但总体来看,正敏感系数之和要大于负敏感系数之和,说明反应发生后,反应体系急剧放热,温度迅速升高。对比图 6-10(a)与图 6-10(b)可以发现,当只加入 N_2 或 H_2O 时,其大部分基本反应的正敏感系数会有所降低,负敏感系数的绝对值会有所增加,这说明 N_2 和 H_2O 的加入抑制了反应的进行,减慢了反应进程,降低了系统的温度。而对比图 6-10(c)与图 6-10(a)、图 6-10(b)发现,当添加 N_2 和 H_2O 共同作用后,其温度敏感系数的绝对值的变化幅度明显增大,且要大于单一抑制剂的作用效果。

6.3 本章小结

本章分析了超细水雾和不同体积分数二氧化碳、氮气单独作用和共同作用时对瓦斯爆炸动力学反应过程的影响,得到了以下主要结论。

(1) 关键自由基如 H、O、OH 对胞状不稳定性起着重要的作用。CO_2 或 N_2 和 H_2O 共同作用能显著降低 H、O、OH 的最大自由基产生速率,降低效果优于单一抑制剂作用的情况,且 CO_2 与 H_2O 共同作用抑制瓦斯爆炸链式反应效果更佳;随着 CO_2 或 N_2 和 H_2O 体积分数的增大,H、O、OH 自由基的峰值产生速率和摩尔分数显著降低,整个爆炸体系的火焰自由基数量明显减少。

(2) CO_2 对控制关键自由基的产生和降低绝热火焰温度效果更显著,CO_2 和 H_2O 共同作用对绝热火焰温度的降低作用优于 N_2 和 H_2O 共同作用。随着 CO_2 或 N_2 和 H_2O 体积分数的增加,绝热火焰温度单调下降,CO_2 和 H_2O 共同作用可以更好抑制胞状不稳定性。

(3) R38 和 R52 对温度敏感性影响最大,提高绝热火焰温度的最基本反应为 R38,第一抑制反应为 R52。CO_2 或 N_2 和 H_2O 共同作用下,温度敏感性绝对值大幅度降低,预混气爆炸敏感性降低。

7 气液两相介质抑制瓦斯爆炸球型火焰自加速机理分析

密闭容器内的可燃气体被点燃后以层流火焰向外传播,随着球型火焰向外传播,并在火焰不稳定性作用下,匀速传播的层流火焰表面会出现裂纹和褶皱,甚至出现胞状结构,这会增大可燃气体与空气的接触面积,造成燃烧速度增加,火焰传播速度加快,从而造成火焰自加速。火焰自加速现象的出现会促使爆炸强度增强,造成更加严重的后果。因此,本章以二氧化碳和超细水雾为例分析气液两相介质对瓦斯爆炸初期火焰自加速特性的影响规律。

7.1 二氧化碳对球型火焰自加速特性影响

图 7-1 是二氧化碳对 9.5% 甲烷/空气爆炸球型胞状火焰传播过程影响的纹影图像。首先由纹影图像可以看出,相比 9.5% 甲烷/空气爆炸球型火焰,加入二氧化碳后的球型火焰传播得到一定程度的抑制;随着二氧化碳体积分数的增加,点火后同一时刻火焰半径明显减小,这说明二氧化碳对甲烷球型火焰的传播有明显的抑制作用,并且二氧化碳浓度越高抑制作用越明显。这是由于甲烷爆

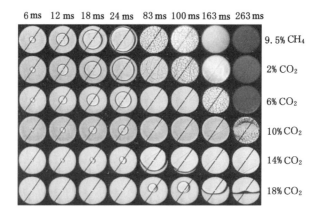

图 7-1　CO_2 对 9.5% 甲烷/空气爆炸球型胞状火焰传播过程影响的纹影图像

炸本质上是一个链式反应过程,而二氧化碳稀释了甲烷气体,抑制了活化自由基的解离,降低了活化自由基的浓度,从而减小了火焰传播速度[91]。

其次,可以看到二氧化碳对甲烷球型胞状火焰结构也有显著影响,不加二氧化碳的甲烷爆炸球型火焰在 12 ms 时火焰锋面就产生了少许裂纹,随着火焰传播,裂纹逐渐增大,到 83 ms 时火焰完全胞状化;而当加入 2％的二氧化碳后,延迟和减少了火焰锋面裂纹,24 ms 时才有明显裂纹,直到 100 ms 时火焰完全胞状化;随着二氧化碳体积分数的增加,火焰锋面更加光滑,值得注意的是当二氧化碳体积分数增至 14％后,胞状火焰完全消失,并且在以后的发展中始终没有出现胞状火焰。

最后,还可以看出当二氧化碳体积分数增至 14％时火焰出现上浮现象,当增至 18％时上浮现象更加明显,形成"蘑菇"状的火焰锋面。这是浮力不稳定性造成的现象,其原因是火焰在燃烧时未燃区密度大于已燃区密度,密度小的物质会呈现在密度大的物质上方,火焰传播速度较小时已燃区扩展很慢,已燃区所受浮力作用时间延长,在浮力作用下火焰上部的传播速度大于下部,因此火焰产生上浮现象[77]。

火焰表面产生的胞状结构会增加火焰的表面积,加快湍流燃烧状态,因此火焰胞状化往往是火焰自加速的重要标志[21,92],胞状火焰出现时间也可以反映球型火焰开始自加速的时间。图 7-2 给出了二氧化碳对 9.5％甲烷/空气爆炸球型胞状火焰出现时间、爆炸超压峰值和平均爆炸超压上升速率的影响曲线。首先由图可以看出,随着二氧化碳体积分数的增加,爆炸超压峰值和平均爆炸超压上升速率具有相似的变化趋势,即加入的二氧化碳越多,爆炸超压峰值和平均爆炸超压上升速率越小。而与此相反的是,胞状火焰出现时间则随着二氧化碳体积分数的增加而增加。

其次,可以发现二氧化碳对瓦斯爆炸球型胞状火焰出现时间具有重要影响,当不加二氧化碳时,胞状火焰出现时间为 83 ms;当加入 2％的二氧化碳时,胞状火焰出现时间延长到 100 ms;当加入 10％的二氧化碳时,胞状火焰出现时间为263 ms,比纯 9.5％甲烷/空气爆炸时增加了 216.9％;而在大于或等于 14％的二氧化碳作用下整个爆炸过程并没有出现胞状火焰,这说明二氧化碳能够大幅延迟胞状火焰出现时间,对球型火焰自加速有明显的抑制作用。

最后,还可以发现二氧化碳对瓦斯爆炸初期爆炸超压峰值和平均爆炸超压上升速率具有明显的抑制作用。比如,当不加二氧化碳时,爆炸超压峰值和平均爆炸超压上升速率分别为 0.66 MPa 和 3.0 MPa/s;当仅加入 2％的二氧化碳时,爆炸超压峰值和平均爆炸超压上升速率分别下降了 5.3％和 6.7％;而当加入 18％的二氧化碳时,爆炸超压峰值和平均爆炸超压上升速率分别下降了

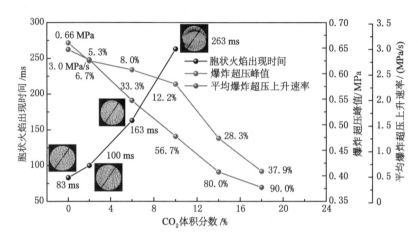

图 7-2　CO_2 对 9.5％甲烷/空气爆炸球型胞状火焰出现时间、
爆炸超压峰值和平均爆炸超压上升速率的影响

37.9％和 90.0％，下降幅度大幅增加。这表明二氧化碳可显著降低压力波和火焰波之间的激励作用，爆炸强度明显减弱。

7.2　超细水雾对球型火焰自加速特性影响

图 7-3 为不同质量浓度超细水雾对 9.5％甲烷/空气爆炸球型胞状火焰传播过程的影响。由图 7-3 可知，随着超细水雾质量浓度的增加，点火后同一时刻的火焰半径呈先增加后减小的变化趋势。值得注意的是，在质量浓度为 58.3 g/m^3 超细水雾作用下同一时刻甲烷爆炸球型火焰半径反而有所增大，且 80 ms 时火焰锋面已经完全胞状化，比不加超细水雾时提前了 3 ms，这反映了火焰传播速度有加快现象。这是由于超细水雾对爆炸火焰流场产生明显影响，使爆炸火焰流场结构发生改变，从而会使球型层流火焰表面产生褶皱，增大燃烧面积，加快火焰锋面和未燃气体的传热、传质进程，但由于水雾量不足，冷却作用小于火焰面放热量，会增强爆炸强度，出现促爆现象，这与 H. Cheikhravat 等[67]的研究结果一致。当超细水雾质量浓度大于 174.9 g/m^3 后，同一时刻火焰半径逐渐减小，这表明当超细水雾质量浓度大于 174.9 g/m^3 时超细水雾冷却效应显现，超细水雾会降低火焰传播速度。还可以发现，在超细水雾作用下火焰亮度明显增加，这可能是因为超细水雾在高温下快速分解，产生 H 等活泼自由基，与甲烷发生重整反应[79]。

图 7-4 为不同质量浓度超细水雾对 9.5％甲烷/空气爆炸球型胞状火焰出现

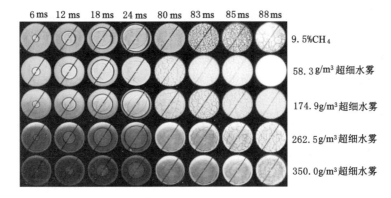

图 7-3　超细水雾对 9.5％甲烷/空气爆炸球型胞状火焰传播过程影响的纹影图像

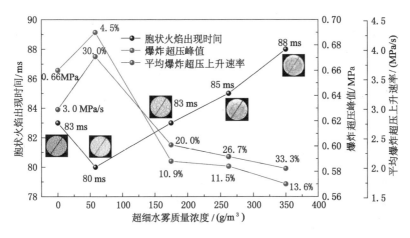

图 7-4　超细水雾对 9.5％甲烷/空气爆炸球型胞状火焰出现
时间、爆炸超压峰值和平均爆炸超压上升速率的影响

时间、爆炸超压峰值和平均爆炸超压上升速率的影响。由图 7-4 可以看出,随着超细水雾质量浓度的增加,胞状火焰出现时间先提前后延迟,在 58.3 g/m³ 超细水雾作用下胞状火焰出现时间提前至 80 ms,而此时的爆炸超压峰值和平均爆炸超压上升速率分别增加了 4.5％和 13.3％。此后,随着超细水雾质量浓度的增加,胞状火焰出现时间逐渐延迟,爆炸超压峰值和平均爆炸超压上升速率也在降低,这说明火焰加速和爆炸超压存在对应关系。另外,还可发现火焰胞格较纯9.5％甲烷/空气时有明显增大,如在 83 ms 时,262.5 g/m³ 超细水雾的火焰表面只产生了少许大的褶皱,而 350 g/m³ 超细水雾的火焰表面则相当光滑,只产生了少许小的褶皱。这是因为在超细水雾对火焰锋面的蒸发吸热作用下,预热区

和火焰面厚度有所增加,火焰能够经受小的扰动,湍流程度降低,火焰表面仅产生一定程度的褶皱。因此,超细水雾质量浓度是影响抑爆效果的重要因素,超细水雾不足时会促进球型火焰自加速,而超细水雾足够时才能有效抑制球型火焰自加速。

7.3　二氧化碳-超细水雾对球型火焰自加速特性影响

为了说明二氧化碳和超细水雾共同作用对 9.5％甲烷/空气球型胞状火焰传播过程的影响,选取质量浓度为 174.9 g/m³ 的超细水雾和不同体积分数二氧化碳共同作用这类工况进行分析,如图 7-5 所示。由图 7-5 可以看出,相比质量浓度为 174.9 g/m³ 超细水雾这一工况,在二氧化碳和超细水雾共同作用下火焰表面变得更加光滑,火焰的不稳定性降低。随着二氧化碳体积分数的增加,同一时刻火焰半径明显减小。例如,在 174.9 g/m³ 超细水雾作用时火焰传播速度下降了 15.0％,在 10％的二氧化碳作用时火焰传播速度下降了 50％,而在两者共同作用时火焰传播速度下降了 62.5％,这表明超细水雾和二氧化碳共同作用的效果要好于两者单独作用。另外,随着二氧化碳体积分数的增加,火焰胞格较纯超细水雾作用时逐步增大。例如,在 174.9 g/m³ 的超细水雾和 10％的二氧化碳共同作用下,火焰锋面仅出现了较多的大褶皱,同时火焰出现上浮现象;二氧化碳体积分数继续增加,火焰锋面褶皱消失,火焰上浮更严重,火焰形状变为"蘑菇"状。这说明二氧化碳-超细水雾共同作用下火焰厚度增加,火焰传播速度减缓,有利于延长和增多超细水雾在火焰区的停留时间和数量,以及增强对火焰锋面的冷却效果。

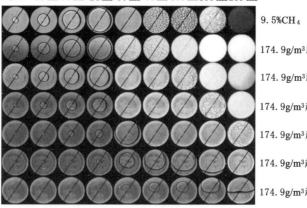

6 ms　12 ms 18 ms　24 ms　80 ms　83 ms　105 ms 180 ms 289 ms

9.5％CH₄

174.9g/m³超细水雾

174.9g/m³超细水雾 +2％CO₂

174.9g/m³超细水雾 +6％CO₂

174.9g/m³超细水雾 +10％CO₂

174.9g/m³超细水雾 +14％CO₂

174.9g/m³超细水雾 +18％CO₂

图 7-5　CO₂-超细水雾对甲烷球型胞状火焰传播过程影响的纹影图像

　　图 7-6 为二氧化碳-超细水雾对甲烷球型胞状火焰出现时间、爆炸超压峰值和爆炸超压上升速率的影响。由图 7-6 可知,在超细水雾和二氧化碳共同作用下,胞状火焰出现时间延迟更加明显。例如,10%二氧化碳和 174.9 g/m³ 超细水雾单独作用时,胞状火焰出现时间分别为 163 ms 和 83 ms,而在两者共同作用下胞状火焰出现时间延迟到了 180 ms,同时火焰胞格有明显增大,这说明二氧化碳-超细水雾共同作用能显著降低火焰的不稳定性,抑制火焰自加速。从爆炸超压方面来说,14%二氧化碳和 174.9 g/m³ 超细水雾单独作用时爆炸超压峰值分别下降了 28.3% 和 10.9%,而在两者共同作用下爆炸超压峰值下降了 35.3%,这表明两者共同作用要好于单独作用,共同作用时产生了协同效应。

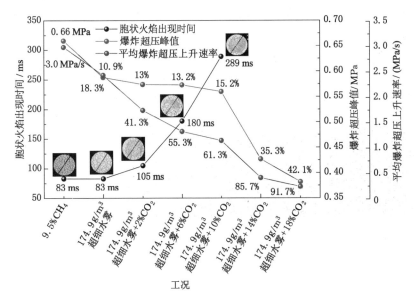

图 7-6　CO_2-超细水雾对甲烷球型胞状火焰出现
时间、爆炸超压峰值、爆炸超压上升速率的影响

7.4　气液两相介质作用下瓦斯爆炸流场湍流特征分析

　　可燃气体爆炸时会对周围粒子产生力的作用,促使粒子做有规律的运动,因此可以对粒子进行研究以揭示流场的变化规律。掌握爆炸流场特征对爆炸特性以及火焰不稳定性研究具有重要作用。因此,本节基于粒子图像测速技术(particle image velocimetry,PIV)对不同体积分数二氧化碳作用下 174.9 g/m³ 超细水雾运移规律进行分析。

粒子图像测速技术 PIV 是一种用多次摄像以记录流场中示踪粒子的位置，并分析拍摄获得的图像，从而测出示踪粒子流动速度和方向的方法。示踪粒子可以选用固体粒子和液体粒子，本研究以超细水雾作为示踪粒子，所用 PIV 激光频率为 35 Hz。

图 7-7 所示为在没有二氧化碳作用时 174.9 g/m³ 超细水雾的速度场和涡量场。图中速度场箭头表示粒子的运动方向，由图可知超细水雾的速度场变化可以分为三个阶段，分别为点火前阶段、火焰传播阶段和完全反射阶段。超细水雾通入定容燃烧弹后还没有点火的这一阶段称为点火前阶段，可以看出在这一阶段超细水雾速度场比较混乱，超细水雾运动方向毫无规律，这说明在点火前阶段超细水雾混合比较均匀，有助于超细水雾充分发挥作用。定容燃烧弹内的预混气体被点燃后至火焰传播到壁面的这一阶段称为火焰传播阶段，可以看出预混气体被点燃后超细水雾速度场变得很有规律，在球型火焰附近的大部分超细水雾粒子都向外运动，形成了一个近似圆形的图像。这是在火焰波作用下超细水雾向外运动造成的结果。超细水雾在运动过程中蒸发吸热，对火焰锋面进行冷

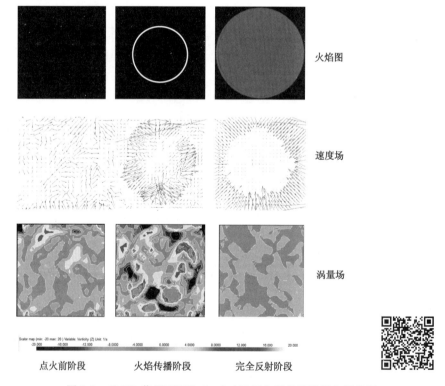

火焰图

速度场

涡量场

点火前阶段　　　　火焰传播阶段　　　　完全反射阶段

图 7-7　无 CO_2 作用下 174.9 g/m³ 超细水雾的速度场和涡量场

却,造成火焰锋面温度降低,预混气体燃烧速度减小,并且蒸发形成的水蒸气会稀释火焰附近的可燃气体,造成可燃气体浓度降低,这进一步抑制了可燃气体燃烧爆炸。完全反射阶段是指超细水雾随冲击波向定容燃烧弹中心发展的阶段,由图可知在该阶段超细水雾的运移规律非常明显,几乎所有的超细水雾都朝定容燃烧弹中心运动。

涡量是一个描述旋涡运动常用的物理量,既有大小又有方向。由图 7-7 涡量场所示,图中颜色越深部分表示涡量越大,黑色部分涡量和粉色部分涡量方向相反。在点火前阶段,超细水雾混合均匀并做无规则运动,图中有部分涡量但是涡量并不大。在火焰传播阶段,火焰波和压力波的扰动作用使定容燃烧弹内产生了涡量,并且涡量比较大,涡量的产生会促使火焰不稳定,使火焰表面产生褶皱,从而增加了火焰和未燃气体的接触面积,造成火焰产生自加速现象。在完全反射阶段,涡量明显变小,这可能有两方面的原因:一是在完全反射阶段涡量减小;二是水雾汽化使水雾量减少,示踪粒子的减少使拍到的涡量减小。

为研究不同体积分数二氧化碳和超细水雾共同作用对爆炸流场的影响,分别选取 6% 二氧化碳、10% 二氧化碳与 174.9 g/m³ 超细水雾共同作用这两个工况进行分析。图 7-8 所示为在 6% 二氧化碳作用下 174.9 g/m³ 超细水雾的速度场和涡量场。由图 7-8 可知,在 6% 二氧化碳作用下的超细水雾速度场与不加二氧化碳时的类似,也可分为点火前阶段、火焰传播阶段和完全反射阶段三个阶段,因此,就不在此处重复赘述。

由图 7-8 的涡量场可以看出,加入 6% 二氧化碳后,点火前阶段的涡量仍然较小,只有小部分涡量增大。在火焰传播阶段,涡量与不加二氧化碳时相比有所减小,这表明加入二氧化碳有助于抑制涡量的产生,从而抑制不稳定火焰的出现。在完全反射阶段,该工况与不加二氧化碳时的涡量相似,原因已在上文进行了分析,在此就不再重复赘述。

图 7-9 所示为在 10% 二氧化碳作用下 174.9 g/m³ 超细水雾的速度场和涡量场。由图 7-9 可知,该工况与不加二氧化碳和只加入 6% 二氧化碳时有明显不同,超细水雾流场变化多了部分反射阶段,包括点火前阶段、火焰传播阶段、部分反射阶段和完全反射阶段四个阶段。由于其他三个阶段已经在上文进行了分析,此处只分析部分反射阶段。可以看出,在部分反射阶段大部分超细水雾的运动方向都指向定容燃烧弹中心,但是仍有一小部分超细水雾朝外运动,这可能是加入的二氧化碳浓度过高造成的。由上文分析可知,加入过高浓度的二氧化碳会明显减小火焰传播速度,而火焰传播速度越小形成的冲击波越弱,因此加入过高浓度的二氧化碳后冲击波的强度明显减小,造成超细水雾往定容燃烧弹中心运动的能力降低;与此同时,过高浓度的二氧化碳不能使预混气体快速燃尽,最

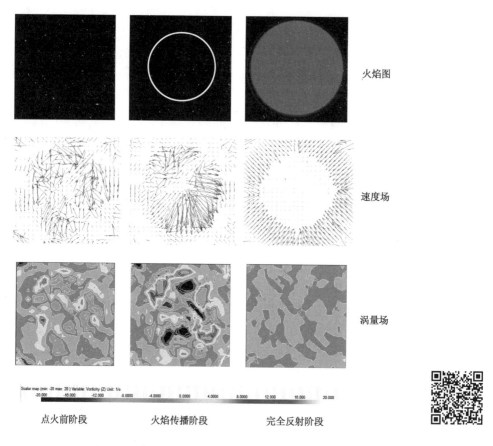

火焰图

速度场

涡量场

Scalar map (min: -20 max: 20) Variable: Vorticity (Z) Unit: 1/s
-20.000   -16.000   -12.000   -8.0000   -4.0000   0.0000   4.0000   8.0000   12.000   16.000   20.000

点火前阶段　　　　**火焰传播阶段**　　　　**完全反射阶段**

图 7-8　6％CO₂作用下 174.9 g/m³ 超细水雾的速度场和涡量场

后燃烧的预混气体会促使超细水雾向外运动。

　　由图 7-9 的涡量场可以看出,加入 10％二氧化碳后,火焰传播阶段的涡量与加入 6％二氧化碳时相比有所减小。在部分反射阶段和完全反射阶段,涡量明显减小,这表明 10％二氧化碳对涡量产生的抑制作用要优于 6％二氧化碳。

　　通过以上分析可以看出,二氧化碳会明显改变爆炸流场的变化规律,有助于抑制涡量的产生,降低不稳定火焰产生的概率。在二氧化碳作用下超细水雾作用时间会大幅延长,超细水雾的抑爆能力增强,并且加入的二氧化碳会抑制促爆现象的产生,表明二氧化碳和超细水雾产生了协同作用,这和上文分析不稳定性所得到的结论相符,也进一步揭示了二氧化碳和超细水雾抑制球型火焰自加速机理。

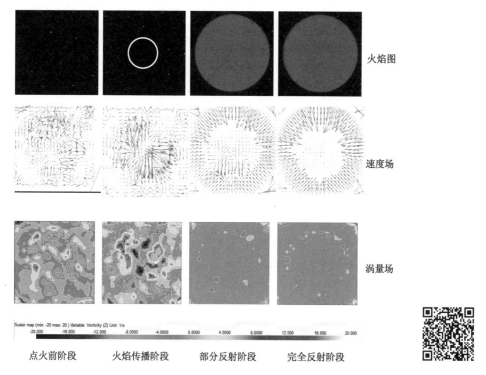

图 7-9 10%CO_2作用下 174.9 g/m³ 超细水雾的速度场和涡量场

7.5 气液两相介质协同抑制瓦斯爆炸球型火焰自加速机理分析

由上文的分析可知,火焰不稳定是球型火焰自加速的根本原因,而超细水雾和二氧化碳都能明显抑制火焰不稳定性,并且两者共同作用的抑制效果要明显优于单独作用,这表明超细水雾和二氧化碳在抑制瓦斯爆炸球型火焰自加速方面具有协同作用。本节将对超细水雾和二氧化碳协同抑制瓦斯爆炸球型火焰自加速机理进行详细分析。

二氧化碳和超细水雾主要通过稀释作用和吸热冷却作用来抑制可燃气体爆炸。二氧化碳和超细水雾协同抑制瓦斯爆炸球型火焰自加速机理如图 7-10所示。

首先,在二氧化碳的优先扩散稀释作用下,火焰附近的空气浓度降低,这会减小球型火焰传播速度,增加火焰阵面厚度,减弱球型火焰不稳定性,从而增强了超细水雾对火焰阵面的抗干扰能力,能够更好地发挥超细水雾的冷却吸热作

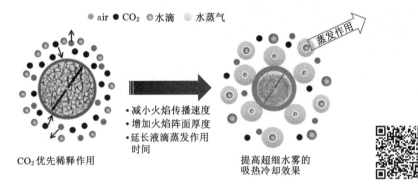

图 7-10　CO_2-超细水雾协同抑制瓦斯爆炸球型火焰自加速机理

用。其次,根据薄膜理论得出的强迫气流中液滴蒸发时间计算公式如式(7-1)所示[93]:

$$t = \frac{d_s - d_0}{K_m} \tag{7-1}$$

$$K_m = \frac{d\lambda_m Nu}{Pec_{pm}}\ln(1 + B_T) \tag{7-2}$$

式中　λ_m ——混合气体的导热系数;

c_{pm} ——混合气体比定压热容;

B_T ——传热数;

Pe ——贝克来数,$Pe = vl/D_m$;

v ——流体的特征速度;

l ——流场的特征尺寸;

D_m ——分子扩散系数,表征强迫扩散与分子扩散之比;

Nu ——努塞尔数,其表征液滴表面处的无量纲温度梯度,是对流换热强度的一个准数;

d_s ——当前液滴直径;

d_0 ——初始液滴直径。

在二氧化碳的优先稀释作用下,Nu 减小,K_m 随之减小,液滴在火焰阵面的蒸发时间延长,而这又进一步增强了超细水雾的吸热冷却作用,降低了火焰温度,增加了火焰阵面厚度,减弱了火焰不稳定性[94]。

二氧化碳增强了火焰阵面抵抗超细水雾干扰的能力,同时增加了超细水雾的作用时间,能够使超细水雾更好地发挥吸热冷却作用。超细水雾的吸热冷却作用会降低火焰温度,进一步增加火焰阵面厚度,而这又会进一步减弱球型火焰不稳定性。二氧化碳和超细水雾的协同作用抑制了球型火焰的自加速。

7.6 本章小结

本章分析了不同质量浓度超细水雾和不同体积分数二氧化碳对瓦斯爆炸球型火焰自加速的影响,得到了以下主要结论。

(1) 二氧化碳对瓦斯爆炸球型胞状火焰出现时间具有重要影响,随着二氧化碳体积分数的增加,胞状火焰出现时间逐渐延迟,当加入体积分数大于或等于14%的二氧化碳时整个爆炸过程没有出现胞状火焰,这说明二氧化碳能够大幅延迟胞状火焰出现时间,对球型火焰自加速有明显的抑制作用。

(2) 超细水雾质量浓度是影响抑爆效果的重要因素,超细水雾不足时($58.3\ \mathrm{g/m^3}$)会促进球型火焰自加速,而超细水雾足够时才能有效抑制球型火焰自加速,火焰加速和爆炸超压存在对应关系。

(3) 获得了气液两相介质作用下爆炸流场湍流变化规律。在$174.9\ \mathrm{g/m^3}$超细水雾作用下,点火前阶段速度场毫无规律,涡量较小;在火焰传播阶段,火焰面向外传播,涡量变大;在完全反射阶段,火焰面向点火中心传播,涡量变小,说明火焰受到壁面压力波反射作用。在10%二氧化碳和$174.9\ \mathrm{g/m^3}$超细水雾共同作用下,速度场和涡量场都有明显变化,速度场多了部分反射阶段;同时,火焰传播阶段的涡量与加入6%二氧化碳时相比明显减小。这表明二氧化碳体积分数增加可削弱压力波与火焰波的相互作用。

(4) 超细水雾和二氧化碳共同作用时对球型火焰自加速的抑制作用要优于其单一作用。这是因为超细水雾和二氧化碳对热-质扩散不稳定性有不同影响。二氧化碳增强了热-质扩散不稳定性的强度,而超细水雾降低了热-质扩散不稳定性的强度。然而,随着超细水雾和二氧化碳体积分数的增加,由于火焰厚度的增加和膨胀率的降低,流体动力学不稳定性的强度被显著抑制,两者产生了协同作用。这有助于增加超细水雾在火焰阵面的停留时间,从而更好地发挥吸热冷却作用;火焰温度降低又进一步增加火焰阵面厚度,减弱球型火焰不稳定性,如此循环,球型火焰的自加速能力不断被削弱。

8 结论和展望

8.1 结　　论

本书通过自行搭建的实验平台对 9.5% 甲烷/空气爆炸初期球型火焰自加速特性进行了实验研究,分析了二氧化碳、氮气和超细水雾单独作用和共同作用时对球型火焰自加速的抑制作用,得到了以下主要结论:

(1) 获得了气液两相介质抑制瓦斯爆炸特性

① 二氧化碳、氮气体积分数和超细水雾质量浓度是影响其单独抑爆效果的主要因素,要达到理想的抑爆水平,需要使用较高浓度的抑爆剂,且超细水雾不足时($58.3~\mathrm{g/m^3}$)有促爆作用,只有当超细水雾充足时才能有效抑制瓦斯爆炸。

② 二氧化碳-超细水雾、氮气-超细水雾对爆炸超压和爆炸超压上升速率均具有良好的抑制效果,并且随着二氧化碳、氮气体积分数和超细水雾质量浓度的增加抑制效果增强。二氧化碳-超细水雾、氮气-超细水雾共同作用时的抑爆效果要优于单一抑爆作用。

(2) 获得了气液两相介质对瓦斯爆炸火焰微观结构影响规律

① 随着二氧化碳体积分数的增加,点火后同一时间内火焰半径逐渐减小,球型火焰表面趋于光滑,胞状面出现的时刻延迟,胞状结构数目明显减少,当二氧化碳体积分数大于 14% 时球型火焰上浮现象愈加严重。

② 随着超细水雾质量浓度的增加,点火后同一时刻的火焰半径先增加后减小。同时,超细水雾还能增加胞状结构的尺寸,增加火焰亮度。

③ 二氧化碳-超细水雾、氮气-超细水雾共同作用对爆炸初期火焰传播微观结构有显著影响,火焰胞状面逐渐变大,数量逐渐减少。例如,在加入 10% 二氧化碳后胞状面消失,同时火焰亮度变暗。当 16% 氮气和 $280~\mathrm{g/m^3}$ 超细水雾共同作用时,火焰明显上浮,火焰在 $62~\mathrm{ms}$ 时才到达视窗上边缘,且火焰胞格结构基本消失,体现出两者共同作用时能够降低火焰不稳定性,抑制少量超细水雾诱发的抑爆不稳定现象。

④ 二氧化碳-超细水雾、氮气-超细水雾对火焰传播速度的抑制效果均优于

单独作用的情况,并且随着二氧化碳、氮气体积分数和超细水雾质量浓度的增加抑制效果更加明显。

(3) 获得了气液两相介质作用下瓦斯爆炸火焰不稳定性变化规律

① 二氧化碳主要通过减少胞格数目来抑制火焰不稳定性,而超细水雾主要通过增大胞格来抑制火焰不稳定性,两者共同作用时产生了协同作用。因此,CO_2 或/和 H_2O 能显著抑制胞状不稳定性,两者协同抑爆具有增强效果,进而减弱爆炸压力与火焰不稳定性之间的相互作用。

② 二氧化碳、氮气和超细水雾均能够增大马克斯坦长度,而两相抑爆剂作用下马克斯坦长度的增长幅度远大于单一抑制剂。氮气和超细水雾共同作用时,在同一质量浓度超细水雾下,火焰传播速度随氮气浓度的增加单调递减,而马克斯坦长度则单调递增。

③ CO_2 或/和 H_2O 对热-质扩散不稳定性有不同的影响。CO_2 增强了热-质扩散不稳定性的强度,而 H_2O 降低了热-质扩散不稳定性的强度。然而,随着 CO_2 或/和 H_2O 体积分数的增加,由于火焰厚度的增加和膨胀率的降低,流体动力学不稳定性的强度被显著抑制。

④ 由于 CO_2 或/和 H_2O 对火焰的降温作用更大,火焰厚度的增加幅度和膨胀率的降低幅度要比 N_2 或/和 H_2O 作用时更明显,为此,二氧化碳-超细水雾对瓦斯爆炸火焰传播过程的抑制作用要优于氮气-超细水雾。

(4) 分析了二氧化碳-超细水雾和氮气-超细水雾抑制动力学反应机理异同

① 关键自由基如 H、O、OH 对胞状不稳定性起着重要的作用。CO_2 或 N_2 和 H_2O 共同作用能显著降低 H、O、OH 的最大自由基产生速率,降低效果优于单一作用的情况,且 CO_2 与 H_2O 共同作用抑制瓦斯爆炸链式反应效果更佳;随着 CO_2 或 N_2 和 H_2O 体积分数的增大,H、O、OH 的峰值自由基产生速率和摩尔分数显著降低,整个爆炸体系的火焰自由基数量明显下降。

② 随着 CO_2 或 N_2 和 H_2O 体积分数的增加,绝热火焰温度单调下降,而 CO_2 对控制关键自由基的产生和降低绝热火焰温度效果更显著,CO_2 和 H_2O 共同作用对绝热火焰温度的降低作用优于 N_2 和 H_2O 共同作用,CO_2 和 H_2O 共同作用可以更好地抑制胞状不稳定性。

③ R38 和 R52 对温度敏感性影响最大,提高绝热火焰温度的最基本反应为 R38,第一抑制反应为 R52。CO_2 或 N_2 和 H_2O 共同作用下,温度敏感系数绝对值大幅度降低,使预混气爆炸敏感性降低。

(5) 揭示了气液两相介质对瓦斯爆炸火焰加速机制影响机理

① 二氧化碳对瓦斯爆炸球型胞状火焰出现时间具有重要影响,随着二氧化碳体积分数的增加,胞状火焰出现时间逐渐延迟,当加入体积分数大于或等于

14％的二氧化碳时整个爆炸过程没有出现胞状火焰,这说明二氧化碳能够大幅延迟胞状火焰出现时间,对球型火焰自加速有明显的抑制作用。

② 超细水雾质量浓度是影响抑爆效果的重要因素,超细水雾不足时(58.3 g/m^3)会促进球型火焰自加速,而超细水雾足够时才能有效抑制球型火焰自加速,火焰加速和爆炸超压存在对应关系。

③ 分析了气液两相介质作用下爆炸流场湍流变化特征。在 174.9 g/m^3 超细水雾作用下,点火前阶段速度场毫无规律,涡量较小;在火焰传播阶段,火焰面向外传播,涡量变大;在完全反射阶段,火焰面向点火中心传播,涡量变小,说明火焰受到壁面压力波反射作用。在 10％二氧化碳、174.9 g/m^3 超细水雾共同作用下,速度场和涡量场都有明显变化,速度场多了部分反射阶段;同时,火焰传播阶段的涡量与加入 6％二氧化碳时相比明显减小。这表明二氧化碳体积分数增加可削弱压力波与火焰波的相互作用。

④ 超细水雾和二氧化碳共同作用时对球型火焰自加速的抑制作用要优于其单一作用。这是因为超细水雾和二氧化碳对热-质扩散不稳定性有不同影响。二氧化碳增强了热-质扩散不稳定性的强度,而超细水雾降低了热-质扩散不稳定性的强度。然而,随着超细水雾和二氧化碳体积分数的增加,由于火焰厚度的增加和膨胀率的降低,流体动力学不稳定性的强度被显著抑制,两者产生了协同作用。这有助于增加超细水雾在火焰阵面的停留时间,从而更好地发挥吸热冷却作用;火焰温度降低又进一步增加火焰阵面厚度,减弱球型火焰不稳定性,如此循环,球型火焰的自加速能力不断被削弱。

8.2 创 新 点

封闭空间,尤其是长径比大的管道内的火焰传播由于受到压力波效应、不稳定性及火焰诱导流动等影响容易形成自加速。本研究针对抑爆剂对火焰自加速机制的影响这一问题开展,具有重要的理论及现实意义,应用前景广阔。就创新点而言,体现在以下三个方面:

(1) 目前的瓦斯抑爆研究主要侧重于火焰传播阶段爆炸超压、火焰传播速度等宏观参数变化,而针对火焰传播的动力学过程研究较少。本书结合定容燃烧弹和高速纹影摄像技术,更深入了解抑爆剂对火焰加速的影响,对抑爆剂作用下瓦斯爆炸火焰波微观结构演变过程和火焰不稳定性参数进行了定量分析,揭示了二氧化碳-超细水雾、氮气-超细水雾两种气液两相抑爆剂对球型火焰自加速机制的影响。同时,结合气液两相介质作用下爆炸流场湍流变化特征,分析了气液两相抑爆剂对压力波和火焰波的协同抑制过程。

（2）研究发现 CO_2 或/和 H_2O 对火焰的降温作用更大，火焰厚度的增加幅度和膨胀率的降低幅度要比 N_2 或/和 H_2O 作用时更明显，二氧化碳-超细水雾对瓦斯爆炸火焰传播的抑制作用要优于氮气-超细水雾。二氧化碳主要通过减少胞格数目来抑制火焰不稳定性，而超细水雾主要通过增大胞格来抑制火焰不稳定性，两者均能够增大马克斯坦长度，两者产生了协同作用。氮气和超细水雾共同作用时，在同一质量浓度超细水雾下，火焰传播速度随氮气浓度的增加单调递减，而马克斯坦长度则单调递增。因此，二氧化碳或氮气作用下，会减小火焰传播速度，增加火焰阵面厚度，显著抑制火焰流体动力学不稳定性的强度，增强火焰阵面抵抗超细水雾干扰的能力，同时延长超细水雾的作用时间，能够使超细水雾更好地发挥吸热冷却作用。

（3）本书从反应自由基、火焰温度和温度敏感性三个方面研究了二氧化碳-超细水雾和氮气-超细水雾抑制动力学反应机理异同，发现二氧化碳对控制关键自由基的产生和降低绝热火焰温度效果优于氮气，因此二氧化碳和超细水雾共同作用可以更好地抑制胞状不稳定性，避免火焰自身失稳而导致的火焰加速。

8.3　展　　望

在项目实施过程中，由于粒子动态分析仪故障，未能开展"抑爆过程中雾滴特性参数变化规律"研究，该研究将在设备维修后继续进行。后续研究工作中，将对抑爆过程中惰性气体对超细水雾破碎吸能作用的影响开展进一步的深入研究，分析液滴受到冲击波压缩后蒸发程度不同对瓦斯爆炸的影响，以深入了解惰性气体与超细水雾的稀释效应、吸热效应对爆炸火焰的削弱程度。

参 考 文 献

[1] 郑凯.二茂铁抑制管道瓦斯爆炸实验研究[D].焦作:河南理工大学,2014.

[2] 叶青,贾真真,林柏泉,等.管内瓦斯爆炸火焰加速机理分析[J].煤矿安全,
    2008(1):78-80.

[3] 贾真真,林柏泉.管内瓦斯爆炸传播影响因素及火焰加速机理分析[J].矿业
    工程研究,2009,24(1):57-62.

[4] 卢捷,宁建国,王成,等.煤气火焰传播规律及其加速机理研究[J].爆炸与冲
    击,2004,24(4):305-311.

[5] 赵永耀,王成.置障管道中瓦斯爆炸火焰加速及爆燃转爆轰的大涡模拟研究
    [C]//佚名.北京力学会第二十二届学术年会论文集,[出版地不详:出版者
    不详],2016.

[6] 余明高,刘磊,郑凯,等.障碍物与管道壁面间距比对瓦斯爆炸传播特性的影
    响[J].中国安全生产科学技术,2017,13(5):151-156.

[7] 李志锋,余明高,纪文涛,等.障碍物诱导瓦斯爆炸湍流火焰数值模拟[J].河
    南理工大学学报(自然科学版),2015,34(2):167-170.

[8] 余明高,纪文涛,温小萍,等.交错障碍物对瓦斯爆炸影响的实验研究[J].中
    国矿业大学学报,2013,42(3):349-354.

[9] 余明高,袁晨樵,郑凯.管道内障碍物对加氢甲烷爆炸特性的影响[J].化工
    学报,2016,67(12):5311-5319.

[10] 周凯元,李宗芬.丙烷-空气爆燃波的火焰面在直管道中的加速运动[J].爆
     炸与冲击,2000,20(2):137-142.

[11] 尹旺华,毕明树,丁信伟,等.障碍物对开敞空间蒸气云爆炸强度的加强作
     用[J].石油化工设备,2003,32(1):38-41.

[12] 尉存娟,谭迎新,张建忠,等.不同间距障碍物下瓦斯爆炸特性的实验研究
     [J].中北大学学报(自然科学版),2015,36(2):188-190.

[13] 丁小勇,谭迎新,李媛.水平管道中立体障碍物对瓦斯爆炸特性的影响[J].
     煤矿安全,2012,43(8):4-7.

[14] DOBASHI R. Experimental study on gas explosion behavior in enclosure

[J]. Journal of loss prevention in the process industries, 1997, 10 (2):
83-89.

[15] MOEN I O, DONATO M, KNYSTAUTAS R, et al. Flame acceleration
due to turbulence produced by obstacles[J]. Combustion and flame, 1980,
39(1):21-32.

[16] CICCARELLI G, WANG Z, LU J, et al. Effect of orifice plate spacing on
detonation propagation [J]. Journal of loss prevention in the process
industries, 2017, 49:739-744.

[17] CICCARELLI G, FOWLER C J, BARDON M. Effect of obstacle size and
spacing on the initial stage of flame acceleration in a rough tube[J]. Shock
waves, 2005, 14(3):161-166.

[18] AKKERMAN V, BYCHKOV V, PETCHENKO A, et al. Accelerating
flames in cylindrical tubes with nonslip at the walls[J]. Combustion and
flame, 2006, 145(1/2):206-219.

[19] KIM W, IMAMURA T, MOGI T, et al. Experimental investigation on the
onset of cellular instabilities and acceleration of expanding spherical
flames[J]. International journal of hydrogen energy, 2017, 42 (21):
14821-14828.

[20] OKAFOR E C, NAGANO Y, KITAGAWA T. Experimental and
theoretical analysis of cellular instability in lean H_2-CH_4-air flames at
elevated pressures[J]. International journal of hydrogen energy, 2016,
41(15):6581-6592.

[21] XIE Y L, WANG J H, CAI X, et al. Self-acceleration of cellular flames and
Laminar flame speed of syngas/air mixtures at elevated pressures[J].
International journal of hydrogen energy, 2016, 41(40):18250-18258.

[22] LI H M, LI G X, SUN Z Y, et al. Effect of dilution on Laminar burning
characteristics of H_2/CO/CO_2/air premixed flames with various hydrogen
fractions[J]. Experimental thermal and fluid science, 2016, 74:160-168.

[23] QIAO L, KIM C H, FAETH G M. Suppression effects of diluents on
Laminar premixed hydrogen/oxygen/nitrogen flames[J]. Combustion and
flame, 2005, 143(1/2):79-96.

[24] WANG J H, HUANG Z H, KOBAYASHI H, et al. Laminar burning
velocities and flame characteristics of CO-H_2-CO_2-O_2 mixtures [J].
International journal of hydrogen energy, 2012, 37(24):19158-19167.

[25] XIE Y, WANG J, MENG Z, et al. Experimental and numerical study on Laminar flame characteristics of methane oxy-fuel mixtures highly diluted with CO_2 [J]. Energy and fuels, 2013, 27(10): 6231-6237.

[26] 宋占锋, 张欣, 胡尚飞, 等. CO_2 稀释对天然气掺氢预混层流火焰燃烧特性的影响[J]. 燃烧科学与技术, 2016, 22(5): 408-412.

[27] GROFF E G. The cellular nature of confined spherical propane-air flames [J]. Combustion and flame, 1982, 48: 51-62.

[28] MIAO H Y, JIAO Q, HUANG Z H, et al. Measurement of Laminar burning velocities and Markstein lengths of diluted hydrogen-enriched natural gas[J]. International journal of hydrogen energy, 2009, 34 (1): 507-518.

[29] 陈朝阳, 黄佐华, 狄亚格, 等. 二甲醚—空气—N_2/CO_2混合气层流燃烧特性研究[J]. 自然科学进展, 2008, 18(4): 424-431.

[30] PRATHAP C, RAY A, RAVI M R. Effects of dilution with carbon dioxide on the Laminar burning velocity and flame stability of H_2-CO mixtures at atmospheric condition[J]. Combustion and flame, 2012, 159(2): 482-492.

[31] 牛芳, 刘庆明, 白春华, 等. 甲烷/空气预混气的火焰传播过程[J]. 北京理工大学学报, 2012, 32(5): 441-445.

[32] KONNOV A A, DYAKOV I V. Measurement of propagation speeds in adiabatic flat and cellular premixed flames of $C_2 H_6 + O_2 + CO_2$ [J]. Combustion and flame, 2004, 136(3): 371-376.

[33] KONNOV A A, DYAKOV I V. Measurement of propagation speeds in adiabatic cellular premixed flames of $CH_4 + O_2 + CO_2$ [J]. Experimental thermal and fluid science, 2005, 29(8): 901-907.

[34] KONNOV A A, DYAKOV I V. Experimental study of adiabatic cellular premixed flames of methane(ethane, propane)+oxygen+carbon dioxide mixtures[J]. Combustion science and technology, 2007, 179(4): 747-765.

[35] LAW C K, KWON O C. Effects of hydrocarbon substitution on atmospheric hydrogen-air flame propagation[J]. International journal of hydrogen energy, 2004, 29(8): 867-879.

[36] YU G, LAW C K, WU C K. Laminar flame speeds of hydrocarbon+air mixtures with hydrogen addition[J]. Combustion and flame, 1986, 63(3): 339-347.

[37] HALTER F, CHAUVEAU C, DJEBAÏLI-CHAUMEIX N, et al.

Characterization of the effects of pressure and hydrogen concentration on Laminar burning velocities of methane-hydrogen-air mixtures [J]. Proceedings of the combustion institute,2005,30(1):201-208.

[38] HUANG Z H,ZHANG Y,ZENG K,et al. Measurements of Laminar burning velocities for natural gas-hydrogen-air mixtures[J]. Combustion and flame,2006,146(1/2):302-311.

[39] HU E J,HUANG Z H,HE J J,et al. Experimental and numerical study on Laminar burning characteristics of premixed methane-hydrogen-air flames[J]. International journal of hydrogen energy, 2009, 34 (11): 4876-4888.

[40] PELCÉ P,CLAVIN P. Influence of hydrodynamics and diffusion upon the stability limits of Laminar premixed flames [J]. Journal of fluid mechanics,1982,124:219-237.

[41] KWON O C,ROZENCHAN G,LAW C K. Cellular instabilities and self-acceleration of outwardly propagating spherical flames[J]. Proceedings of the combustion institute,2002,29(2):1775-1783.

[42] BRADLEY D,CRESSWELL T M,PUTTOCK J S. Flame acceleration due to flame induced instabilities in large-scale explosions[J]. Combustion and flame,2001,124(4):551-559.

[43] 张烜,黄佐华,喻武,等.高温高压条件下甲醇裂解气-空气-稀释气层流火焰传播速度和马克斯坦长度研究[J].内燃机学报,2010,28(3):214-220.

[44] VAN WINGERDEN K. Mitigation of gas explosions using water deluge [J]. Process safety progress,2000,19(3):173-178.

[45] MEDVEDEV S,GEL'FAND B E,POLENOV A N,et al. Flammability limits for hydrogen-air mixtures in the presence of ultrafine droplets of water (fog) [J]. Combustion, explosion and shock waves, 2002, 38: 381-386.

[46] EBINA W,LIAO C H,NAITO H,et al. Effect of water mist on minimum ignition energy of propane/air mixture[J]. Proceedings of the combustion institute,2017,36(2):3271-3278.

[47] 李润之,司荣军,薛少谦.煤矿瓦斯爆炸水幕抑爆系统研究[J].煤炭技术,2010,29(3):102-104.

[48] 谢波,范宝春,夏自柱,等.大型通道中主动式水雾抑爆现象的实验研究[J].爆炸与冲击,2003,23(2):151-156.

[49] 李永怀,蔡周全. φ700 mm 管道细水雾抑制瓦斯爆炸试验研究[J]. 煤炭科学技术,2010,38(3):49-51.

[50] 唐建军. 细水雾抑制瓦斯爆炸实验与数值模拟研究[D]. 西安:西安科技大学,2009.

[51] 陈晓坤,林滢,罗振敏,等. 水系抑制剂控制瓦斯爆炸的实验研究[J]. 煤炭学报,2006,31(5):603-606.

[52] 林滢. 瓦斯爆炸水系抑制剂的实验研究[D]. 西安:西安科技大学,2006.

[53] 谷睿,王喜世,许红利. 超细水雾抑制甲烷爆炸的实验研究[J]. 火灾科学,2010,19(2):51-59.

[54] 秦文茜. 超细水雾抑制含障碍物甲烷爆炸的实验研究[D]. 合肥:中国科学技术大学,2011.

[55] 毕明树,李铮,张鹏鹏. 细水雾抑制瓦斯爆炸的实验研究[J]. 采矿与安全工程学报,2012,29(3):440-443.

[56] 高旭亮. 超细水雾抑制甲烷爆炸实验与数值模拟[D]. 大连:大连理工大学,2014.

[57] 余明高,安安,游浩. 细水雾抑制管道瓦斯爆炸的实验研究[J]. 煤炭学报,2011,36(3):417-422.

[58] 余明高,赵万里,安安. 超细水雾作用下瓦斯火焰抑制特性研究[J]. 采矿与安全工程学报,2011,28(3):493-498.

[59] 李振峰,王天政,安安,等. 细水雾抑制煤尘与瓦斯爆炸实验[J]. 西安科技大学学报,2011,31(6):698-702.

[60] XU H L,LI Y,ZHU P,et al. Experimental study on the mitigation via an ultra-fine water mist of methane/coal dust mixture explosions in the presence of obstacles[J]. Journal of loss prevention in the process industries,2013,26(4):815-820.

[61] XU H L,WANG X S,GU R,et al. Experimental study on characteristics of methane-coal dust mixture explosion and its mitigation by ultra-fine water mist[J]. Journal of engineering for gas turbines and power,2011,134(6):61401-61406.

[62] THOMAS G O. On the conditions required for explosion mitigation by water sprays[J]. Process safety and environmental protection,2000,78(5):339-354.

[63] PARRA T,CASTRO F,MÉNDEZ C,et al. Extinction of premixed methane-air flames by water mist[J]. Fire safety journal,2004,39(7):

581-600.

[64] ADIGA K C,WILLAUER H D,ANANTH R,et al. Implications of droplet breakup and formation of ultra fine mist in blast mitigation[J]. Fire safety journal,2009,44(3):363-369.

[65] ADIGA K C,JR HATCHER R F,SHEINSON R S,et al. A computational and experimental study of ultra fine water mist as a total flooding agent[J]. Fire safety journal,2007,42(2):150-160.

[66] 刘晅亚,陆守香,秦俊,等.水雾抑制气体爆炸火焰传播的实验研究[J].中国安全科学学报,2003,13(8):71-77.

[67] CHEIKHRAVAT H,GOULIER J,BENTAIB A,et al. Effects of water sprays on flame propagation in hydrogen/air/steam mixtures [J]. Proceedings of the combustion institute,2015,35(3):2715-2722.

[68] DUPONT L,ACCORSI A. Explosion characteristics of synthesised biogas at various temperatures[J]. Journal of hazardous materials,2006,136(3):520-525.

[69] BATTERSBY P N,AVERILL A F,INGRAM J M,et al. Suppression of hydrogen-oxygen-nitrogen explosions by fine water mist:part 2. mitigation of vented deflagrations[J]. International journal of hydrogen energy,2012,37(24):19258-19267.

[70] INGRAM J M,AVERILL A F,BATTERSBY P N,et al. Suppression of hydrogen-oxygen-nitrogen explosions by fine water mist:part 1. burning velocity[J]. International journal of hydrogen energy,2012,37(24):19250-19257.

[71] HOLBORN P G,BATTERSBY P,INGRAM J M,et al. Estimating the effect of water fog and nitrogen dilution upon the burning velocity of hydrogen deflagrations from experimental test data [J]. International journal of hydrogen energy,2013,38(16):6882-6895.

[72] 余明高,朱新娜,裴蓓,等.二氧化碳-超细水雾抑制甲烷爆炸实验研究[J].煤炭学报,2015,40(12):2843-2848.

[73] 余明高,杨勇,裴蓓,等.N_2双流体细水雾抑制管道瓦斯爆炸实验研究[J].爆炸与冲击,2017,37(2):194-200.

[74] 裴蓓,余明高,陈立伟,等.CO_2-双流体细水雾抑制管道甲烷爆炸实验[J].化工学报,2016,67(7):3101-3108.

[75] 段俊法,庞福娥,刘福水.N_2+H_2O 稀释氢/空气混合气层流燃烧特性[J].

燃烧科学与技术,2016,22(2):161-166.

[76] 毕明树,李刚,陈先锋.气体和粉尘爆炸防治工程学[M].2版.北京:化学工业出版社,2017.

[77] 暴秀超,刘福水,孙作宇.预混火焰胞状不稳定性研究[J].西华大学学报(自然科学版),2014,33(1):79-83.

[78] MODAK A U, ABBUD-MADRID A, DELPLANQUE J P, et al. The effect of mono-dispersed water mist on the suppression of Laminar premixed hydrogen-, methane-, and propane-air flames[J]. Combustion and flame,2006,144(1/2):103-111.

[79] 张鹏鹏.超细水雾增强与抑制瓦斯爆炸的实验研究[D].大连:大连理工大学,2013.

[80] 暴秀超,刘福水,张正芳.不同初始压力下氢气燃烧的胞状不稳定性及自加速性[J].燃烧科学与技术,2014,20(1):38-43.

[81] PAN K L, QIAN J, LAW C K, et al. The role of hydrodynamic instability in flame-vortex interaction[J]. Proceedings of the combustion institute,2002,29(2):1695-1704.

[82] KWON O C, FAETH G M. Flame/stretch interactions of premixed hydrogen-fueled flames: measurements and predictions[J]. Combustion and flame,2001,124(4):590-610.

[83] 郑士卓.低热值气体燃料掺氢层流燃烧特性及火焰稳定性的研究[D].北京:北京交通大学,2016.

[84] 张云明.可燃气体火焰传播与爆轰直接起爆特性研究[D].北京:北京理工大学,2015.

[85] YUAN J, JU Y G, LAW C K. Pulsating and hydrodynamic instabilities at large Lewis numbers[J]. Combustion and flame,2006,144(1/2):386-397.

[86] LI Y C, BI M S, ZHANG S L, et al. Dynamic couplings of hydrogen/air flame morphology and explosion pressure evolution in the spherical chamber[J]. International journal of hydrogen energy, 2018, 43(4): 2503-2513.

[87] WU F J, JOMAAS G, LAW C K. An experimental investigation on self-acceleration of cellular spherical flames[J]. Proceedings of the combustion institute,2013,34(1):937-945.

[88] BRADLEY D, GASKELL P H, GU X J. Burning velocities, Markstein lengths, and flame quenching for spherical methane-air flames: a

computational study[J]. Combustion and flame,1996,104(1/2):176-198.

[89] HUANG Z H,WANG Q,YU J R,et al. Measurement of Laminar burning velocity of dimethyl ether-air premixed mixtures[J]. Fuel,2007,86(15): 2360-2366.

[90] NIE B S,YANG L L,GE B Q,et al. Chemical kinetic characteristics of methane/air mixture explosion and its affecting factors[J]. Journal of loss prevention in the process industries,2017,49:675-682.

[91] 贾宝山,温海燕,梁运涛,等.煤矿巷道内 N_2 及 CO_2 抑制瓦斯爆炸的机理特性[J].煤炭学报,2013,38(3):361-366.

[92] 李格升,梁俊杰,张尊华,等.掺氢对乙醇-空气预混火焰不稳定性的影响[J].工程热物理学报,2014,35(4):787-791.

[93] 徐通模,惠世恩.燃烧学[M].2版.北京:机械工业出版社,2017.

[94] 裴蓓.气液两相介质抑制管道瓦斯爆炸协同规律及机理研究[D].焦作:河南理工大学,2017.